Natural Computing

NC

ナチュラルコンピューティング・シリーズ

萩谷昌己・横森 貴 編

第4巻

細胞膜計算

西田泰伸 著

近代科学社

◆ 読者の皆さまへ ◆

平素より，小社の出版物をご愛読くださいまして，まことに有り難うございます．

㈱近代科学社は1959年の創立以来，微力ながら出版の立場から科学・工学の発展に寄与すべく尽力してきております．それも，ひとえに皆さまの温かいご支援があってのものと存じ，ここに衷心より御礼申し上げます．

なお，小社では，全出版物に対してHCD（人間中心設計）のコンセプトに基づき，そのユーザビリティを追求しております．本書を通じまして何かお気づきの事柄がございましたら，ぜひ以下の「お問合せ先」までご一報くださいますよう，お願いいたします．

お問合せ先：reader@kindaikagaku.co.jp

なお，本書の制作には，以下が各プロセスに関与いたしました：

・企画：小山 透，高山哲司
・編集：高山哲司
・組版：大日本法令印刷（LaTeX）
・印刷：大日本法令印刷
・製本：大日本法令印刷
・資材管理：大日本法令印刷
・カバー・表紙デザイン：川崎デザイン
・広報宣伝・営業：山口幸治，東條風太

・本書の複製権・翻訳権・譲渡権は株式会社近代科学社が保有します．
・ JCOPY 〈(社)出版者著作権管理機構 委託出版物〉
本書の無断複写は著作権法上での例外を除き禁じられています．
複写される場合は，そのつど事前に(社)出版者著作権管理機構
（電話 03-3513-6969，FAX 03-3513-6979，e-mail: info@jcopy.or.jp）の
許諾を得てください．

ナチュラルコンピューティング・シリーズ
刊行にあたって

　ナチュラルコンピューティング（Natural Computing；NC と略称）という
用語はまだそれほど耳慣れたものではなく，世の中に広く認知された定義は
ないかも知れない．ここでは「自然界における様々な現象に潜む計算的な性
質や情報処理的な原理，およびそれらの現象によって触発される計算過程」
を意味する．

　NC の研究目的には以下のテーマが含まれる．すなわち，

- 自然現象に触発された情報処理的なメカニズムを研究し，個々の具体的な
  問題を解決する新しい技法（アルゴリズム）を開発すると共に，自然界にお
  ける物性・現象・原理などを応用して新しい計算パラダイムを探究する．
- 人工生命系の設計やコンピュータシミュレーションなどによる自然現象の
  計算的・構成的な研究を通して，生命現象など自然系の理解を深める．
- 自然現象を利用することにより，ナノスケール領域における工学的に有用
  で新規なアプリケーションを構築する．

　このように NC における研究テーマは，自然から学んだ原理に基づく新規
な計算メカニズムの研究とその実現という「自然から情報処理への応用」の
みならず，計算モデルの設計や計算機実験に基づく自然現象の理解という
「情報処理から自然への応用」という双方向性を有する．さらに，ナノテク
ノロジーへの応用などを包括する広範な分野に関わりをもつ．

　NC とみなせる計算システムに特徴的な性質は，その基礎となる原理・メ
カニズム・概念が "自然現象を真似た" アイデアに基づくという点である．
たとえば，進化計算 (Evolutionary Computing) は生物学における突然変異，
交叉，選択といった概念に触発されたアイデアを用い，またニューラルネッ
トワーク計算 (Neural Network Computing) は脳や神経系における神経網をモ
デル化している．さらに，分子計算 (Molecular Computing) は DNA などの

iv　　ナチュラルコンピューティング・シリーズ刊行にあたって

生体分子や酵素のもつ反応系を利用してウエットなハードウェアによるアルゴリズムの実現を目指している．また，細胞の成長過程をモデル化したセルラーオートマトンの研究や細胞膜の構造を利用した膜計算モデルなど，枚挙に暇がない．さらに，生物化学からのアイデアとして，化学反応系を抽象的な計算モデルとみなして解析する化学反応計算など，いわばバイオ・ケミカルコンピューティングの研究も近年活発になされている．一方，物理学を覗くと，量子力学的な重ね合わせ原理とユニタリ変換という考えを利用する量子計算 (Quantum Computing) があり，また光計算 (Optical Computing) は光を情報媒体として光回折現象，光学的フーリエ変換などの物理的性質を計算機構に取り入れることを目指している．

　NC は個々の自然科学の学問領域をカバーする新しい分野であり，（上記 3 つの研究テーマを考えると）生命をより深く理解し，自然系をシミュレーションするために，そして新規な計算パラダイムを提案するためにも，様々な研究分野からの知識を集積させることが必要となる．NC を実現するためには，特に物理学者，化学者，生物学者，計算機科学者，情報工学者などが協調して研究し，知識とアイデアを共有することが必要である．

　本シリーズは，このように “計算” という情報処理原理を基軸として，上述したような様々な学問領域をダイナミックに包括し，新たな学際領域を形成しつつある「ナチュラルコンピューティング」に焦点を当てた本邦初の野心的な企画である．本シリーズの刊行により，多くの読者が奇抜な発想による新しい計算の世界を満喫すると共に，このような自然との新たな関わり方を享受する契機となることを念願している．

編集委員　萩谷昌己・横森 貴

まえがき

　本書は Gh. Păun が始めた膜計算（細胞膜計算，P システム）入門である．膜計算 (membrane computing)，あるいは P システムは，日本ではあまり知られていないが，ヨーロッパでは結構な研究者を集めており，中国でも相当盛んである．著者は AMS（アメリカ数学会）が作っている数学データベース Mathematical Reviews の抄録委員を務めている．そこで 2006 年から 2017 年までに書いた抄録 46 件を調べたところ，そのうち P システム関係が 39.1％，セルオートマトン関係が 13.0％，そのほかの自然計算関係（分子計算，DNA 計算など）が 10.9％，形式言語関係が 21.7％，計算の理論関係が 8.7％，その他（グラフなどデータモデル，暗号など）が 6.5％であった（四捨五入のため合計は 100％にならない）．編集者には「得意分野」として，自然計算，形式言語を中心とした理論計算機科学と申告してあるので，その分野の中での話ではあるが，Mathematical Reviews の編集者も P システムに関心を持っていることがわかる．

　もっとも，アメリカで P システムの研究をしている人はほとんどいない．これはプラグマティズムの国アメリカにおいては理論研究中心の P システムでは研究費が出ないからであろう．しかし，中国人の論文には必ずと言っていいほど中国政府からの研究費に対し謝辞がついている．アメリカは実用中心と言っても基礎理論を無視しているわけではない．たとえば Google の検索エンジンはアルゴリズムの効率や並列計算の理論的成果を生かしてできているのはよく知られている．各国研究者の細かい事情については想像できないが，P システムが理論計算機，自然計算の研究者に興味を持たれているのは確かである．隣接諸分野の人も注意して眺めているのではないだろうか．

　ひるがえって，なぜ日本では知られていないのであろうか．アメリカでは

やっていないから，そもそも理論の研究者が少ないから，といった憶測は控えよう．確かに言えるのは，日本語の文献がほとんどないということである．本書により日本でもPシステムの知名度が上がることを願ってやまない．

　本書は学部から研究者まで計算機科学分野の方を第一の読者と想定している．それに加えて，生物学の方にも是非読んでいただきたいと思っている．Pシステム研究の雰囲気を知ってもらうため，定理などの証明は詳細に書いたが，わずらわしいと感じるとき，ざっと読むときは飛ばしてもらってよい．Pシステムは定義や例の説明が長くなり，通常の「定義X.X ...」「例Y.Y ...」という見出しで特別の段落を作る構成だと，延々と定義や例が続いて見苦しくなる．かといって，本文中に定義や例が分散しているのは見返すときに不便である．そこで，本書では本文中の主に定義，例からなる部分には〈定義X.X: ... 〉，〈例Y.Y: ... 〉の小見出しをつけ，その終わりには〈定義X.X 終わり〉，〈例Y.Y 終わり〉をつけた．これによって，記号，用語，概念の相互参照が少しでも容易になれば幸いである．

　最後になりましたが，本書執筆の機会を提供してくださった電気通信大学小林聡先生，東京大学萩谷昌己先生，早稲田大学横森貴先生に感謝申し上げます．また，富山県立大学生物工学科伊藤伸哉先生には，生物学の用語・記述内容を確認していただきました．お礼申し上げます．

2018 年 4 月

西田泰伸

目　次

まえがき v

第1章　なぜ細胞膜計算か　　　　　　　　　　　　1

第2章　計算の理論に関する準備　　　　　　　　7

2.1　集合と多重集合 7

2.2　形式言語 9

2.3　文法 11

2.4　マトリクス文法 15

2.5　協調分散文法システム（CD 文法システム） 21

2.6　L システム 22

2.7　正規表現 25

2.8　チューリング機械とレジスタ機械 27

2.9　計算の複雑性 32

第3章　膜計算の可能性——オブジェクト書き換え型　　39

3.1　基本のモデル 39

3.2　基本モデルの計算能力 44

3.3　膜の破壊と規則の優先順序 50

第4章　膜計算の可能性——輸送型 P システム　　61

4.1　輸送型 P システム 61

4.2　計算万能性，規則の重み，大きさ最小で 65

4.3　計算万能性，オブジェクト数最小化 68

4.4　輸送型 P システムの能力まとめ 75

viii　目 次

第5章　膜計算の可能性——並列性を生かす　79

5.1　Pシステムにおける計算量の精密な評価　. . . . .　79
5.2　活性膜Pシステム　. . . . .　85
5.3　$\mathcal{NP}$ 完全問題を多項式時間で解く　. . . . .　88
5.4　$\mathcal{PSPACE}$ 完全問題を多項式時間で解く　. . . . .　92

第6章　組織Pシステムとスパイキングニューラル Pシステム　101

6.1　細胞膜によるコミュニケーション　. . . . .　101
6.2　変化型組織Pシステム（定義と例）　. . . . .　103
6.3　変化型組織Pシステム（生成能力）　. . . . .　110
6.4　輸送型組織Pシステム（定義と例）　. . . . .　113
6.5　輸送型組織Pシステム（生成能力）　. . . . .　117
6.6　スパイキングニューラルPシステム（定義と例）　. . . . . . .　121
6.7　スパイキングニューラルPシステム（生成能力）　. . . . . . .　128
6.8　入力のあるスパイキングニューラルPシステム　. . . . .　131

第7章　Pシステムの応用1：光合成のモデル　139

7.1　理論モデルと数値計算モデル　. . . . .　139
7.2　光合成の反応　. . . . .　140
7.3　Pシステムの拡張　. . . . .　143
7.4　光合成の $\mathbb{R}_+$ 部分集合型Pシステムモデル　. . . . .　145
7.5　計算機実験　. . . . .　147
7.6　微分方程式をたてられるか　. . . . .　152

第8章　Pシステムの応用2：膜アルゴリズム　157

8.1　膜アルゴリズムの基本　. . . . .　157
8.2　巡回セールスマン問題と局所探索　. . . . .　159
8.3　巡回セールスマン問題と遺伝的アルゴリズム　. . . . .　161
8.4　巡回セールスマン問題を解く膜アルゴリズム　. . . . .　167
8.5　TSPを解く膜アルゴリズム：計算機実験　. . . . .　169

目　次　　ix

8.6　膜アルゴリズムの変形1：関数最適化問題への応用　. . . . . .　171

8.7　膜アルゴリズムの変形2：レーダー信号処理　. . . . .　175

8.8　膜構造再検討：入れ子型かフラット型か　. . . . .　178

参考文献　　　　　　　　　　　　　　　　　　　　　　　　　　**181**

索引　　　　　　　　　　　　　　　　　　　　　　　　　　　　**185**

第1章　なぜ細胞膜計算か

この章では生物の細胞をモデルにした大変簡単な例を用いて，細胞の中に膜がある場合とそうでない場合に，モデル化した化学反応の結果が違うことを示す．それにより生体膜を抽象化した計算モデル研究の動機を示す．また，第2章以降の各章の内容を紹介する．

細胞膜と計算——およそ関係のない組合せに見えるかもしれない．しかしながら，計算能力の存在証明はまず生物でなされた[1]ことと，生物は細胞からできていて，計算能力が高い生物は多細胞生物であることを考慮すると，細胞・細胞膜と計算には深い関連があると想定してよいだろう．計算は何らかの記号の集まりを操作して，別の集まりに変換する組織立った行いと考えることができる．生物が操作する記号は化学分子である．分子の操作は化学反応であり，酵素が反応を促進したり，抑制したりして，操作の実体を担っている．ここで非常に簡単な例を用いて，膜があり反応を起こす領域が分かれている場合とそうでない場合に違いが生じるかどうか見てみよう．

〈例 1.1：膜ありの例〉図 1.1 では 1 の膜が全体を包んでおり，その中に 2 の膜がある．1 が細胞全体で 2 が核という想定である．それぞれの膜で囲まれた領域（領域も膜と同じ名称で参照する）内に，その領域で起きる反応式がある．無から有が生じるような反応もあるが，例として本質的な部分だけ抜き出したと理解いただきたい．領域 2 の $D \rightarrow D_1(A, out)$ は細胞の核で

---

1)　もちろん人間を念頭においているが，最近の研究で様々な動物が一桁の数を数える程度の計算をしていることが明らかになっている．計算の意味を広く取れば，すべての生物は計算できる＝情報を蓄えて複製できる．

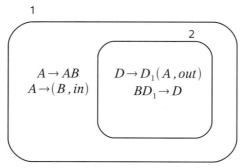

図 **1.1** 単純化した細胞と反応

DNA が転写されて m-RNA A が作られ，細胞質（領域 1）に送られた，と解釈できる．DNA は不活性な状態 (D_1) になる．B が存在すると再び活性な状態になる（反応 $BD_1 \to D$）．領域 1 では A は B を生産する（$A \to AB$）．B の材料は領域 1 に豊富に存在するとしている．A は B を作ったあと，ある確率で壊れるのであるが，壊れた残骸が何か反応を起こして B を領域 2 に送る（$A \to (B, in)$）．

　この反応が起こったときの物質の変化を時間ステップを追って示したのが図 1.2 である．反応（これからは規則と呼ぶ）は起こりえるものはすべて，複数可能ならそれらすべてが起こるとする．時間 0 では領域 2 に D が 1 個だけあるとする．領域 1 の A は 2 通りの変化があり，それは分岐として表現してある．図 1.2 の見方を説明する．まず，領域 2 の D が D_1 と A になり，A は領域 1 へ行く（矢印 1）．次は，領域 2 に変化はないが，"領域 1 で A が AB になる"（矢印 2）か，あるいは "領域 1 で A が B になり領域 2 へ行く"（矢印 3）．右へ行けば再び選択があり，分岐している（矢印 5 と 6）．下に行けば BD_1 が D になり最初に戻る（矢印 4）．B^2 とあるのは B が 2 個あることを示す．この変化はいくらでも続き，それに伴い B の数もいくらでも増える．$A, D(D_1)$ はそれぞれ 1 個ずつである．〈例 1.1 終わり〉

〈例 1.2：膜なしの例〉次に膜がない場合を検討する．規則は次のようになる．

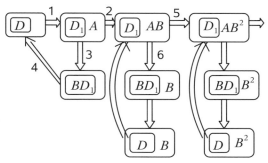

図 1.2 各物体の時間変化

$$D \to D_1 A, \quad A \to AB$$
$$D_1 B \to D, \quad A \to B$$

最初に D がひとつあるときの変化を示すと，

$$
\begin{array}{ccccccccc}
D & \Rightarrow & D_1 A & \Rightarrow & D_1 AB & \Rightarrow & DAB & \Rightarrow & D_1 A^2 B^2 & \Rightarrow & \cdots \\
 & \searrow & \Downarrow & & \Uparrow\Downarrow & & \Downarrow & & & & \\
 & & D_1 B & & DB & & D_1 AB^2 & \Rightarrow & \cdots & &
\end{array}
$$

となる．図 1.2 との違いは A が増えるか増えないかである．「膜なし」では B とともに A の数もいくらでも増える．分子 A が増えると負担になる，たとえば A を作るコストが大きいような場合，問題が生じる．全く同じ規則を使っても，膜があるだけで A の数が調節されることが分かる．生物，その組織，細胞（たち）による計算能力を解明するとき，「膜」は必須の構成要素と考えられる．〈例 1.2 終わり〉

細胞膜計算は，

1. 膜で区切られた領域が複数ある．
2. それぞれの領域に化学反応に相当する別々の規則がある．
3. 領域間に物体をやりとりする相互作用（輸送）がある．
4. 膜を壊す，新たに作ることも考慮する．

4　第1章　なぜ細胞膜計算か

という枠組みを設定する．これらは，それぞれ細胞膜の次の機能に対応する．

1. 細胞膜はリン脂質でできており，水や水に溶けている分子を透過させないことによって領域を区切ることができる．
2. 膜によって区切られた領域に特有の酵素があって特定の化学反応を触媒している．膜に埋め込まれた酵素もある．膜によって区切られた領域ごとに異なる反応がある．
3. 特定の分子，イオンだけを透過させるチャネルやポンプが膜をつらぬいて存在する．チャネルは受動的な輸送を行い，濃度の高いほうから低いほうへしか移動しないが，エネルギーは不要である．ポンプはエネルギーを消費し濃度の低いほうから高いほうへ輸送することができる．また，特定の分子と結合し，それによって膜内に何らかの変化をもたらすタンパク質（受容タンパク）が存在し，信号となる分子を検出できる．
4. 膜同士が融合して領域が合体する，文字どおり膜がはじけて壊れる，分裂により新たな領域ができる，ことがある．

　これらの枠組みを抽象化し，膜（領域），規則，輸送，領域の増減を組み込んだ計算モデルを樹立することが細胞膜計算（これからは膜計算と称する）の第一の目標であった．生物の細胞に様々な型があるように，膜計算に取り入れる仕組みにも多様な変形が考えられる．それにより，いろいろなタイプの膜計算モデルが可能になった．それら異なるタイプの間に能力の違いがあるかどうかを明らかにするのが重要な研究課題である．もちろん，これまで研究されてきた計算モデル，すなわちチューリング機械や文法などとの能力比較は真っ先に解くべき課題である．

　まず，例 1.1 で取り上げた型の膜計算について各要素をきっちり定め，モデルを組み上げる．そのモデルは一般に有限の手段で計算できる数の集合はすべて生成できる（計算万能性を持つ）ことを示す（第 3 章）．これまでに知られている計算モデルには，最も能力が高い（万能性を持つ）モデルの下に制限された能力のクラスが多数存在する．膜計算においても同様に部分クラスが存在する（第 3 章）．

化学反応に相当する変化規則を使わず，領域間の輸送だけで計算を行うモデルは，細胞膜の特徴を生かす全く新しい発想と言えよう．第4章でこれを紹介する．この輸送型でも制限のないクラスは計算万能性を持ち，それより弱い制限されたクラスも存在する．

　計算の理論において，問題を解くときに必要になる資源（時間，記憶領域など）をきっちりと定め，その上限，下限を求めることは，計算の複雑さとして長い研究の歴史がある．膜計算という新しい発想が計算の複雑さにどんな影響をもたらすか興味深い．結論を言うと，膜を分裂させて数を指数関数個に増やすと，計算に必要な時間は問題の大きさの指数関数から定数倍に減らせることが示されている（第5章）．時間と領域のトレードオフとして示唆に富む結果である．

　この章のはじめで「計算能力が高い生物は多細胞生物である」と述べたとおり，多細胞生物に相当するモデルも構築できなくては膜計算として片手落ちである．細胞の集団を抽象化した様々なシステムが膜計算の範疇に入っている．第6章は「多細胞膜計算」を扱う．

　以上，「モデル」がしばしば登場しているが，これは数学的なモデルである．つまり，抽象的理論を代表するものである．それに対し，具体的な問題解決に目を向けるのが第7,8章である．第7章は生物に範を取ったのなら生物の役に立つべきということで，光合成の反応を説明する膜計算のモデルを作る．このモデルは物理的対象を表現するもので，計算のモデルではない．モデルのパラメータをいろいろ変えてその挙動を計算機で調べる．それにより，モデル化に当たり取り入れた仮説の当否が判断できる．

　実際に重要な問題を解くアルゴリズムを膜計算の発想を生かして構成したのが，第8章で紹介する膜アルゴリズムである．ここで取り組むのは，まともに解いたのでは時間がかかりすぎて（今のところ）お手上げの問題である．そのような問題に対して，正解でなくてよいから速く解く近似アルゴリズムの研究が盛んである．膜アルゴリズムでは複数の近似アルゴリズムの良い点を組み合わせて，より良い近似解を求めることができる．

　第2章は，それ以後の章のための数学的準備に当てられている．計算の理論における各種定義と基本的性質をまとめている．

6   第1章　なぜ細胞膜計算か

　膜計算に関する研究は多岐にわたっており，本書で述べきれなかった事柄が多くある．より詳しく知りたい方にはハンドブック [18] と Păun によるモノグラフ [17] をお薦めする．本書では，各章，各節の終わりにそこで参考にした文献への引用を載せた．それ以外に多数の論文が出ているのであるが，それらは各種検索サイトあるいは P システムのサイト，

　http://ppage.psystems.eu/

で調べることができる．

> 　膜計算の動機づけとして細胞膜の有無で化学反応の挙動が違ってくる例を紹介した．また，膜計算に取り入れる生体膜の機能と，取り入れるとどんな結果が得られるのか，これから展開する内容を予告した．

第2章　計算の理論に関する準備

膜計算という新しい計算モデルについて述べるとき，既存の計算の理論と膜計算がどんな関連を持つかが中心的な話題になる．そのため，この章では計算の理論の概念・結果のうち，本書で用いるものを簡単に紹介する．本章は飛ばして，概念・記号などが必要になったときに参照するという読み方も可である．また，大学初年の数学諸概念は既知としている．

2.1　集合と多重集合

現代の数学は集合を基盤としてその上に構築される．計算の理論も数学的性格を持つから集合を基礎にするというように大上段に構えると大変なので，ここでは以後使う用語と記号だけ紹介する．

S を集合とする．$|S|$ で S の要素の数を表す．空集合は $\emptyset$ で示す．集合 S のすべての部分集合からなる集合を S の**べき集合** (power set) と言い，2^S で表す．集合 $S \times S$ の部分集合 R を S の上の関係と呼ぶ．関係について次の性質が定義される．

1. R が**反射律** (reflexive law) を満たすのはすべての $a \in S$ について $(a, a) \in R$ となるときである．
2. R が**対称律** (symmetric law) を満たすのはすべての $a, b \in S$ について $(a, b) \in R$ ならば $(b, a) \in R$ となるときである．
3. R が**反対称律** (anti-symmetric law) を満たすのはすべての $a, b \in S$ につい

8   第 2 章　計算の理論に関する準備

て $(a, b) \in R$ かつ $(b, a) \in R$ ならば $a = b$ となるときである.

4. R が**推移律** (transitive law) を満たすのはすべての $a, b, c \in S$ について $(a, b) \in R$ かつ $(b, c) \in R$ ならば $(a, c) \in R$ となるときである.

5. R が**比較可能律** (comparable law) を満たすのはすべての $a, b \in S$ について $a \neq b$ ならば $(a, b) \in R$ あるいは $(b, a) \in R$ となるときである.

S の上の関係 ρ が反射律, 反対称律, 推移律を満たすとき ρ を S の上の**順序関係** (order relation) と言う[1].

　S の上の関係 R について, R の反射（対称, 推移）閉包 R' は $R \subseteq R'$ かつ R' は反射（対称, 推移）律を満たす $\subseteq$ に関して最小の関係である. ふたつ以上の性質についての閉包も同様に定義できる. たとえば**反射推移閉包** (reflexive and transitive closure) など.

　膜計算では次の多重集合を計算対象とすることが多い. 詳しい定義を載せよう.

〈 定義 2.1：多重集合 〉 集合をその要素が複数個所属することも認めるよう拡張すると, **多重集合** (multi-set) になる. たとえば, $S = \{a, b, c\}$ のとき, a が 2 個, b はなし（0 個）, c が 3 個入っていれば, 多重集合 $M = \{(a, 2), (b, 0), (c, 3)\}$ となる. 要素が入っている個数を**多重度** (multiplicity) と呼ぶ. 多重集合 M はその要素の集合 S からすべての自然数の集合 $\mathbb{N}$ への関数と見なせる. 多重集合 M の定義域（要素の集合）を M の土台と言う. 多重集合を要素を列挙して記述するには, 上の例のように要素と多重度を対として表せばよい, つまり, 土台が $\{a_1, a_2, \ldots, a_i, \ldots\}$ ならば $\{(a_1, M(a_1)), (a_2, M(a_2)), \ldots, (a_i, M(a_i)), \ldots\}$ となる. しかし, この表記は長くなりわずらわしいので, ひとつの文字列とした記法 $a_1^{M(a_1)} a_2^{M(a_2)} \cdots a_i^{M(a_i)} \cdots$ を使う. 上の例では $a^2 b^0 c^3$ となるが, 多重度 0 の要素は略して $a^2 b^3$ とする.

　ふたつの多重集合 $M_1, M_2 : S \to \mathbb{N}$ を考える. M_1 が M_2 に包含されているのは, すべての $a \in S$ について $M_1(a) \leq M_2(a)$ が満たされるときであり, この関係を $M_1 \subseteq M_2$ と書く. $M_1 \subseteq M_2$ かつ $M_1 \neq M_2$ ならば真の包含であ

---

1)　文献によってはこの定義を満たす関係を半順序関係と呼び, さらに比較可能律を満たすとき順序関係と定義している. 本書の定義のほうが多数派であると思われるのでこうした. ちなみに本書の順序関係が比較可能律も満たすときは全順序関係と言う.

り，$M_1 \subset M_2$ と書く．M_1 と M_2 の和 $M_1 \cup M_2$ はすべての $a \in S$ について $(M_1 \cup M_2)(a) = M_1(a) + M_2(a)$ により定義される．$M_1 \subseteq M_2$ のときに限り，M_2 から M_1 を引いた差 $M_2 - M_1$ が $(M_2 - M_1)(a) = M_2(a) - M_1(a)$ により定められる（a は S の任意の要素である）．任意の自然数 n について，多重集合 M のスカラー倍 $(n \otimes M) : S \to \mathbb{N}$ をすべての $a \in S$ につき，$(n \otimes M)(a) = nM(a)$ により定義する．すべての要素の多重度が 0 の多重集合は空多重集合であり，記号 λ で表す．したがって，すべての多重集合 M について $0 \otimes M = \lambda$ となる（0 も自然数に入れている）．$|M|$ で多重度を含めた要素の数を示す．つまり，$M : S \to \mathbb{N}$ に対して $|M| = \sum_{a \in S} M(a)$ となる．〈定義 2.1 終わり〉

2.2 形式言語

どんなものでもよいが，文字列（すなわち，有限の記号列）の集合の性質を論じるのが形式言語である．適切な符号化をすればどんなデータ構造でも文字列で表現できるから，文字列の性質はすべてのデータ構造の基礎になる．計算の理論は，一番基本のデータ構造である文字列を対象に構築すればすっきりとまとまる．

文字（記号）の空でない有限集合 V を**アルファベット** (alphabet) と言う[2]．長さ 0 の文字列，つまり，ひとつも文字のない列を**空語** (empty word) と言い λ で表す[3]．アルファベット V の要素からなる，空語を含むすべての語（これからは文字列を語と言う）の集合を V^* と書く．V^* は必ず無限集合になる．V^* から空語を除いた集合は V^+ と表す．V^* のふたつの要素 x_1, x_2 について，x_1 と x_2 をこの順に並べた語 $x_1 x_2$ はまた V^* の要素になる．$x_1 x_2$ は x_1 と x_2 の**連接** (catenation) と言う．連接に関して次の性質が成り立つ．x, $x_1, x_2, x_3 \in V^*$ に対して，

1. $(x_1 x_2) x_3 = x_1 (x_2 x_3)$
2. 一般に $x_1 x_2 \neq x_2 x_1$

---

[2] V の要素は何でもよい．つまり，文字や記号の定義はしない．だから，ラテン文字の（部分）集合 $\{a, b, c, d\}$ のほかに，数の集合 $\{1, 2, 3\}$ や順序対の集合 $\{(1, a), (2, b)\}$ などもアルファベットになる．

[3] 先ほど空多重集合を λ で表したのは，多重集合の文字列表現で空多重集合は空語にほかならないからである．

10   第2章 計算の理論に関する準備

3. $\lambda x = x\lambda = x$

ひとつの語 x を繰り返すことも連接であり，$\overbrace{x\cdots x}^{n} = x^n$ と略記する．習慣的に $x^0 = \lambda$ と約束されている．語 $x \in V^*$ の長さは x に出現するすべての文字の数である．ある文字が複数回出現すれば，それらをすべて数える．x の長さは $|x|$ で表す．x における文字 $a \in V$ の出現回数を $|x|_a$ で表す．明らかに $|x| = \sum_{a \in V} |x|_a$ および $|\lambda| = 0$ である．アルファベット V の要素に $V = \{a_1, \ldots, a_k\}$ と番号を付ける．x を V の上の語（V の要素からなる語）とする．負でない整数を成分とする k 次元ベクトル $(|x|_{a_1}, \cdots, |x|_{a_k})$ を x の**パリックベクトル** (Parikh vector) と言う．

V をアルファベットとする．V^* の部分集合は（どんなものでも）V の上の**言語** (language) と言う．言語の集まりは普通，言語の族と呼ばれる．言語 $L \in V^*$ について集合 $length(L) = \{|x| \,|\, x \in L\}$ を考えることができる．この集合を L の長さ集合と言う．FL が言語の族のとき，NFL は FL に属するすべての言語の長さ集合の集まりを表す．また，$Parikh(L) = \{\vec{v}_x \,|\, \vec{v}_x$ は x のパリックベクトル，$x \in L\}$ で L に属するすべての語のパリックベクトルからなる集合を表す．言語の族 FL について，それに属するすべての言語に対するパリックベクトルの集合からなる族を $PsFL$ で表す．

アルファベット V の上の語 x について，x の先頭から始まる部分列，最後で終わる部分列，中間の部分列を考えることがある．$x = x_1 x_2 x_3$ ただし $x_1, x_2, x_3 \in V^*$ と分解したとき，x_1 を x の接頭語，x_3 を接尾語，x_2 を部分語と呼ぶ．x_1, x_2, x_3 は空語であってもよいことに注意する．つまり，空語および x 自身は x の接頭語であり，接尾語であり，部分語でもある．x のすべての接頭語，接尾語，部分語からなる集合をそれぞれ $Pref(x), Suf(x), Sub(x)$ と表す．

$L_1, L_2 \subseteq V^*$ を言語とする．言語は集合だから，和集合 $(L_1 \cup L_2)$，共通集合 $(L_1 \cap L_2)$，差集合 $(L_1 - L_2)$，補集合 $(L_1^c = V^* - L_1)$ が定義できる．そのほかに，言語に特有な演算として連接 $L_1 L_2 = \{x_1 x_2 \,|\, x_1 \in L_1, x_2 \in L_2\}$ がある．ひとつの言語 L に連接を繰り返し行うことも可能で，次のように記号が定められる：$L^0 = \{\lambda\}, L^1 = L, L^i = L^{i-1}L, \ (i > 0)$．このうち $L^0 = \{\lambda\}$ は，こう定

めるといろいろ便利なので，そのように約束されている．連接と和集合を組み合わせた単項演算 $L^* = \cup_{i=0}^{\infty} L^i$ は重要な演算で，L の Kleene 閉包と呼ぶ．L^* から $i = 0$ の場合を除いた $L^+ = \cup_{i=1}^{\infty} L^i$ を正 Kleene 閉包と呼ぶ．

　U, V をアルファベットとする．写像 $h : V^* \to U^*$ は (i) $h(\lambda) = \lambda$, (ii) 任意の $a \in V$ と $w \in V^*$ について $h(aw) = h(a)h(w)$ を満たすとき V^* から U^* への**準同型** (morphism) と言う．準同型 h はすべての $a \in V$ について $h(a)$ を与えれば定まることに注意する．どの $a \in V$ についても $h(a) \neq \lambda$ のとき，h は λ-free である．すべての $a \in V$ について $h(a) \in U$ のとき，h を符号化と言う．すべての $a \in V$ について $h(a) \in U \cup \{\lambda\}$ ならば，h を弱符号化と言う．

2.3　文法

　一般に言語は無限集合である．L が無限言語だと，L に属するかもしれない語の長さにあらかじめ限界を決めておくことはできない．無限を現実に作ることは不可能とはいえ，このことは応用においても重要な意味を持つ．正しい日本語（英語，ドイツ語などなど）の文（自然言語の文は語に相当する）はどんなに長くなってもよいし，全く初めて見る文でも母国語の話者には正しい文かどうかわかる．同様にプログラム（ひとつのプログラムが語である）もどんなに長くなってもよいし，任意の新しいプログラムがあり得る．どんな有限言語も上記の性質を持つことはできないから，言語処理では無限言語を念頭におく必要がある．無限言語をアルゴリズムで扱うには，その言語に属する語を規定する有限の手段が必要である．そのひとつが文法である．

〈定義 2.2：文法〉（形式）**文法** (grammar) は 4 つの要素からなるシステム $G = (N, T, S, R)$ である．ここで，N, T はそれぞれ**非終端アルファベット** (non-terminal alphabet)，**終端アルファベット** (terminal alphabet)，$S \in N$ は**開始記号** (start symbol)，$R \subseteq (N \cup T)^+ \times (N \cup T)^*$ は**生成規則** (production rule) の集合である．ただし R は有限，かつ任意の $(x, y) \in R$ について x には少なくともひとつ N の要素が出現する．$(u, v) \in R$ の代わりに $u \to v$ と書く．文法 G は $(N \cup T)^*$ に属する語 x, y の間の**導出関係** (derivation relation)$x \Rightarrow_G y$ を次のとおり定める．x の接頭語 x_1，接尾語 x_2 および生成規則 $u \to v \in R$ が存

12   第2章　計算の理論に関する準備

在し，$x = x_1 u x_2$ かつ $y = x_1 v x_2$ となるとき，およびそのときに限り $x \Rightarrow_G y$ である．$\Rightarrow_G$ の反射推移閉包を $\Rightarrow_G^*$ と書く．また，$\lambda \Rightarrow_G \lambda$ と定義する．$w \in T^*$ が $S \Rightarrow_G^* w$ を満たすとき G は w を導出（生成）すると言う．G が導出する終端アルファベット上の語を集めた集合を G が**生成する言語** (language generated by G) と言い，$L(G)$ で表す．つまり，$L(G) = \{w \in T^* | S \Rightarrow_G^* w\}$ である．文脈から G がはっきりわかるときは $\Rightarrow_G, \Rightarrow_G^*$ の代わりに $\Rightarrow, \Rightarrow^*$ と書く．〈定義 2.2 終わり〉

〈**定義** 2.3：文法の型〉文法 $G = (N, T, S, R)$ は R に属する規則の形により次の型に分類される．

0. 0 型文法は何も制限を付けない．
1. 長さ非減少（1 型）文法では任意の規則 $u \to v \in R$ は $|u| \le |v|$ を満たす（規則の左辺の長さは右辺の長さ以下，つまり長さは減らない）．
2. **文脈自由** (context-free)（2 型）では任意の規則 $u \to v \in R$ は $u \in N$ を満たす（規則の左辺は非終端記号が 1 個だけである）．
3. **正規** (regular)（3 型）は文脈自由文法であり，さらに任意の規則 $A \to v \in R$ は $v \in NT^*$ または $v \in T^*$ を満たす（規則の右辺には非終端記号が高々 1 個しか出現せず，出現するときは左端である）．

長さ非減少文法 G が，すべての規則 $u \to v \in R$ において $u = u_1 A u_2$，ただし $A \in N, u_1, u_2 \in (N \cup T)^*, v = u_1 \beta u_2$，ただし $\beta \in (N \cup T)^+$ を満たすとき，**文脈依存** (context-sensitive) 文法と言う．すべての長さ非減少文法は同じ言語を生成する文脈依存文法に変換できることが知られている．したがって，今後は長さ非減少文法も文脈依存文法と呼ぶ．0 型，文脈依存，文脈自由，正規文法が生成する言語をそれぞれ，**帰納的可算** (recursively enumerable)，文脈依存，文脈自由，正規言語と呼ぶ．すべての帰納的可算言語，文脈依存言語，文脈自由言語，正規言語からなる族をそれぞれ RE, CS, CF, REG で表す．〈定義 2.3 終わり〉

正規文法，文脈自由文法，文脈依存文法の例をそれぞれひとつずつ示そう．

〈**例** 2.1：正規文法の例〉$G_1 = (\{S\}, \{a\}, S, R_1)$ を考える．ただし，$R_1 = \{S \to$

$Sa, S \rightarrow a\}$. 規則 $S \rightarrow Sa$ を $n-1$ $(n \geq 1)$ 回使うと S から Sa^{n-1} が導出される. 最後に $S \rightarrow a$ を使えば a^n ができる. n は任意の正の整数であるから, $L(G_1) = \{a^n \mid n \geq 1\}$ となる. 〈例 2.1 終わり〉

〈例 2.2：文脈自由文法の例〉 $G_2 = (\{S\}, \{a, b\}, S, R_2)$ を考える, ただし, $R_2 = \{S \rightarrow aSb, S \rightarrow ab\}$. G_1 と同様に $S \rightarrow aSb$ を $n-1$ 回使ったあと $S \rightarrow ab$ を使えば終端記号列が導出されるが, 今度は a と b が同じ数だけ作られる. したがって, $L(G_2) = \{a^n b^n \mid n \geq 1\}$ となる. 〈例 2.2 終わり〉

〈例 2.3：文脈依存文法の例〉 $G_3 = (\{S, B\}, \{a, b, c\}, S, R_3)$ を考える, ただし,

$$R_3 = \{S \rightarrow abc, S \rightarrow aSBc, cB \rightarrow Bc, bB \rightarrow bb\}$$

$S \rightarrow abc$ を最初に使うと abc ができて導出は終了する. では $S \rightarrow aSBc$ を n $(0 < n)$ 回使ったあと, $S \rightarrow abc$ を使うと $a^{n+1}bc(Bc)^n$ ができる. ここで $cB \rightarrow Bc$ を使えるだけ使うと B が左に行って $a^{n+1}bB^n c^{n+1}$ となる. 最後に $bB \rightarrow bb$ により B がすべて b になり, $a^{n+1}b^{n+1}c^{n+1}$ が導出される. これ以外の終端記号列の導出はできない. したがって, $L(G_3) = \{a^n b^n c^n \mid n \geq 1\}$ となる. 〈例 2.3 終わり〉

　生成規則の右辺が空語である規則 $u \rightarrow \lambda$ は λ-rule と言う. 文脈依存（長さ非減少）文法には λ-rule は含まれない. 文脈依存文法に λ-rule を許すと帰納的可算言語の族を生成できることが知られている. 一方, 文脈自由と正規文法では λ-rule を自由に使っても生成する言語の族には, 空語のあり・なし以上の違いは生じない. つまり, CF^λ (REG^λ) を λ-rule のある文脈自由（正規）文法が生成する言語の族, CF (REG) を λ-rule のない文脈自由（正規）文法が生成する言語の族とする. 定義により $CF \subseteq CF^\lambda$ ($REG \subseteq REG^\lambda$) は明らかであるが, L を CF^λ (REG^λ) に属する空語 λ が入っている任意の言語とすると $L' \in CF$ ($L' \in REG$) が存在して $L = L' \cup \{\lambda\}$ となっている. これからはふたつの言語族が属する言語に空語を要素として持つか持たないかの違いしかないときは, 等しい言語族と見なす. よって CF (REG) と CF^λ (REG^λ) は区別せず, CF (REG) で表す. また, 文脈自由文法と正規文法には λ-rule は含まれてもよいとする.

　文法が生成する言語の族 RE, CS, CF, REG の間には次の関係が成り立つ.

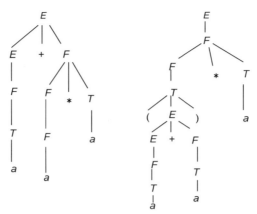

図 2.1 導出木の例. 左は $a+a*a$, 右は $(a+a)*a$ を導出する.

定理 2.1 $FIN \subset REG \subset CF \subset CS \subset RE$. ここで FIN はすべての有限言語からなる族である.

文脈自由文法を使えば, 括弧や演算子の優先順序がある算術式の構文を記述できる. 次の例を見てみよう.

〈**例 2.4：算術式の構文**〉算術式の文法 $G = (\{E, F, T\}, \{(,), *, +, a\}, E, R)$, ただし,

$$R = \{E \to E+F, E \to F, F \to F*T, F \to T,$$
$$T \to a, T \to (E)\}$$

を考える. ここでは開始記号が E であることに注意する. $a+a*a$ の導出は,

$$E \Rightarrow E+F \Rightarrow F+F \Rightarrow T+F \Rightarrow a+F \Rightarrow a+F*T \Rightarrow$$
$$a+T*T \Rightarrow a+a*T \Rightarrow a+a*a$$

となる. $(a+a)*a$ の導出は,

$$E \Rightarrow F \Rightarrow F*T \Rightarrow T*T \Rightarrow (E)*T \Rightarrow (E+F)*T \Rightarrow (F+F)*T \Rightarrow$$
$$(T+F)*T \Rightarrow (a+F)*T \Rightarrow (a+T)*T \Rightarrow (a+a)*T \Rightarrow (a+a)*a$$

となる. こういった導出を図 2.1 のとおり, 縦に描いて木の形にできる. こ

れらの木は**導出木** (derivation tree) あるいは**構文木** (syntax tree) と言う．導出木は，非終端記号の下に規則の右辺の記号を左から右におくことにより作られる．当然一番上の記号は開始記号になる．終端記号にはその下（子供と言う）はない．

一方，終端記号列から始めて，生成規則を右から左に使い導出木を上のほうに作っていくことができる．そうやって開始記号ひとつになれば，はじめの終端記号列はこの文法で導出されることがわかる．この作業を**構文解析** (syntax analysis) と言う．

さて，この文法では「導出木の下のほうにある演算を先に行う」と約束すれば，正しい演算の順序になる．図 2.1 の左では $*$ を先に計算し，その結果に a を加えることになる．右では $a+a$ を先に行い，その結果に a をかける．それぞれ算術式 $a+a*a$（左）と $(a+a)*a$（右）に対応している．ここで a は定数を表すと仮定している．〈例 2.4 終わり〉

この例のように文脈自由文法の生成規則をうまく作り，それを用いて構文解析すれば，正しい式だけでなくその演算の順序もわかるのである．式だけでなく，プログラムの制御構文（if-then-else, for, while など）も文脈自由文法で記述できる．というわけで，文脈自由文法はプログラミング言語，コンパイラの設計，実装，解析に必須の道具である．構文解析のアルゴリズムも多くの研究がなされており，速くて効率の良いアルゴリズムが知られている．

2.4　マトリクス文法

文法の生成規則は，導出途上の現在の列に適用可能ならば，どれを選んで導出に使ってもよい．これに対しある規則を使うと，次に使える規則があらかじめ定められている方式により決まるようになっているのが制御付き文法である．様々な制御付き文法が存在する中で，本書では後ほどの証明で用いるため，文脈自由形規則を使うマトリクス文法だけ取り上げる．

〈**定義 2.4：マトリクス文法**〉**マトリクス文法** (matrix grammar) はシステム $G = (N, T, S, M)$ である．ここで，N は非終端アルファベット，T は終端アルファベット，S は開始記号である．M は文脈自由形の規則の列（**マトリ**

16 第 2 章 計算の理論に関する準備

クス (matrix) と呼ぶ) $(A_1 \rightarrow v_1, \ldots, A_n \rightarrow v_n)$ $(A_1, \ldots, A_n \in N, v_1, \ldots, v_n \in (N \cup T)^*)$ の有限集合である. $w, z \in (N \cup T)^*$ に対してマトリクス $m = (A_1 \rightarrow v_1, \ldots, A_n \rightarrow v_n)$ により w から z が導出されるのは, $w = w_1, w_2, \ldots, w_n, w_{n+1} = z$ が存在して（存在を要請するのは w_2 から w_n), すべての $i \in \{1, \ldots, n\}$ について $w_i = w_i' A_i w_i''$ かつ $w_{i+1} = w_i' v_i w_i''$ となるときである. この導出関係を $w \Rightarrow_m z$ と書く. 複数のマトリクス $m_1, \ldots, m_k$ により w_0 から w_k が導出されるのは $w_1, \ldots, w_{k-1}$ が存在して $w_0 \Rightarrow_{m_1} w_1 \Rightarrow_{m_2} \cdots \Rightarrow_{m_k} w_k$ となるときである. これを $w_0 \Rightarrow_{m_1 \cdots m_k} w_k$ と書く. マトリクスを省略して $w_0 \Rightarrow^* w_k$ と表すこともある. G が生成する言語 $L(G)$ は, $L(G) = \{w \in T^* \mid S \Rightarrow^* w\}$ により与えられ, マトリクス言語と呼ぶ. すべてのマトリクス言語からなる族を MAT^λ で表す. 右肩に λ があるのは λ-rule を含む文法も考慮しているからである. λ-rule を含まないマトリクス文法が生成する言語の族を MAT で表す. 〈定義 2.4 終わり〉

定義より $MAT \subseteq MAT^\lambda$ であるが, 文脈自由文法と異なり, $MAT = MAT^\lambda$ か $MAT \subset MAT^\lambda$ かはわかっていない.

次の例はマトリクス文法が生成規則を制御して文脈自由言語でない言語を生成できることを示している.

〈**例 2.5：文脈依存言語を生成するマトリクス文法**〉マトリクス文法 $G = (\{S, A, B, C\}, \{a, b, c\}, S, M)$ を考える. ここで, $M = \{m_1 : (S \rightarrow ABC), m_2 : (A \rightarrow aA, B \rightarrow bB, C \rightarrow cC), m_3 : (A \rightarrow a, B \rightarrow b, C \rightarrow c)\}$ である. G における導出では, はじめ m_1 を使い, ABC ができる. 次に m_2 を n $(n \geq 0)$ 回使うと $a^n A b^n B c^n C$ となる. m_3 を使えば非終端記号がなくなり導出が終了する. 生成されるのは $a^{n+1} b^{n+1} c^{n+1}$ ただし $n \geq 0$ である. よって, $L(G) = \{a^n b^n c^n \mid n \geq 1\}$ となる. この言語は $CS - CF$ に属する, つまり文脈自由言語ではない文脈依存言語である. 〈例 2.5 終わり〉

マトリクス言語の族について次の包含関係が知られている.

定理 2.2 1. $CF \subset MAT \subseteq MAT^\lambda \subset RE$
2. $MAT \subset CS, CS - MAT^\lambda \neq \emptyset$

CS と MAT^λ については $MAT^\lambda \subset CS$ か $MAT^\lambda - CS \neq \emptyset$ つまり MAT^λ と

CS は比較不能である，のいずれかだが，どちらかは今のところ不明である．これらの言語の長さ集合については次の結果がある．

定理 2.3 $NREG = NCF = NMAT = NMAT^\lambda$

マトリクス文法の定義はマトリクス中の生成規則を すべて 導出に使う（か全く使わない，すなわちそのマトリクスを選択しない）ことを要請している．それに対し，ある規則を 飛ばす ことも認めるのが出現検査付きマトリクス文法である．

〈定義 2.5：出現検査〉**出現検査付きマトリクス文法** (matrix grammar with appearance checking) は構造 $G = (N, T, S, M, F)$ である．このうち (N, T, S, M) はマトリクス文法，F は生成規則の集合である．語 $w, z \in (N \cup T)^*$ について，w から z が導出される $(w \Rightarrow z)$ のは $m = (A_1 \rightarrow x_1, \ldots, A_n \rightarrow x_n)$ と $w = w_1, w_2, \ldots, w_n, w_{n+1} = z$ が存在し，すべての $i \in \{1, \ldots, n\}$ について，(1) $w_i = w_i' A_i w_i''$ かつ $w_{i+1} = w_i' x_i w_i''$，あるいは (2) $w_{i+1} = w_i$ ただし $A_i \rightarrow x_i \in F$ かつ w_i に A_i は出現しない，を満たすときである．$A_i \rightarrow x_i \in F$ であっても A_i が w_i に出現すれば (1) で書き換えを行う．つまり，(2) によると，あるマトリクスを使っていて使えない規則があっても，その規則が F に属していれば，それを飛ばして導出は続く．この仕組みは，ある非終端記号が出現しないことを確認する効果を持つため，出現検査付きと言う．G が生成する言語 $L(G)$ はマトリクス文法と同様に定義される．λ-rule のない出現検査付きマトリクス文法により生成される言語の族を MAT_{ac}，λ-rule のある出現検査付きマトリクス文法により生成される言語の族を MAT_{ac}^λ と表す．〈定義 2.5 終わり〉

次の例は「ある非終端記号が出現しないことを確認する」良い例になっている．

〈例 2.6：出現検査の例〉次のマトリクス文法を考える．

$$G = (\{S, A, B, X, Y, Z, \sharp\}, \{a, b\}, S, M, F)$$

ここで M は次のマトリクスよりなる．

18   第2章　計算の理論に関する準備

$$m_1 : (S \to XA)$$

$$m_2 : (X \to X, A \to BB)$$

$$m_3 : (X \to Y, A \to \sharp)$$

$$m_4 : (Y \to Y, B \to A)$$

$$m_5 : (Y \to X, B \to \sharp)$$

$$m_6 : (Y \to Z, B \to \sharp)$$

$$m_7 : (Z \to Z, A \to a)$$

$$m_8 : (Z \to b, A \to a)$$

また F は右辺に $\sharp$ がある規則からなる，すなわち，$F = \{A \to \sharp, B \to \sharp\}$ である．G の導出について調べる．まず $\sharp$ が出現すると導出が失敗する，つまり終端記号列にならないことに注意する．よって，$\sharp$ を失敗記号と呼ぶ．最初使えるマトリクスは m_1 であり，XA ができる．いま，導出途中の列 XA^i があるとする．これに m_2 を i 回使うと XB^{2i} となる．ここで m_3 を使うと，A が出現しないから $A \to \sharp$ が「飛ばされ」YB^{2i} ができる．次に m_4 を $2i$ 回使うと YA^{2i} となり，m_5 を使えば XA^{2i} となる．この一連の導出で A の数が 2 倍になる．最初の A の数は 1 であるから，XA^{2^n} ($n = 0, 1, \dots$) の列が導出される．さて，XA^{2^n} から $YB^{2^{n+1}}$ を経て $YA^{2^{n+1}}$ を導出したあと m_6 を使うと，$ZA^{2^{n+1}}$ となる．次に使えるのは m_7 と m_8 で，m_7 を $2^{n+1} - 1$ 回使い，最後に m_8 を使ったときだけ終端記号列 $ba^{2^{n+1}}$ ($n \geq 0$) が導出される．A が残っている列に m_3 を使う，あるいは B が残っている列に m_5 か m_6 を使うと失敗記号 $\sharp$ が出現する．したがって，上に述べた導出だけが成功する導出で，$L(G) = \{ba^{2^n} \mid n \geq 1\}$ となる．この言語は出現検査のないマトリクス文法では（λ-rule のあり・なしを問わず）生成されない．〈例 2.6 終わり〉

出現検査付きマトリクス言語の族について，次の包含関係が知られている．

定理 2.4　1. $MAT \subset MAT_{ac} \subset CS$

2. $MAT^\lambda \subset MAT_{ac}^\lambda = RE$

2.4 マトリクス文法　19

　例 2.6 の文法では特定の形のマトリクスだけを使っていた．つまり，開始
記号の規則があるマトリクス以外は，すべてふたつの規則からなるマトリク
スであった．実は任意のマトリクス文法は，生成する言語を変えることなく
この形に変換することができる．

〈定義 2.6：バイナリ標準形〉 マトリクス文法 $G = (N, T, S, M, F)$ は，次の条
件を満たすとき**バイナリ標準形** (binary normal form) と言う．

1. $N = N_1 \cup N_2 \cup \{S, \sharp\}$．ただし，これらの集合は互いに共通部分がない．
2. M に属するマトリクスは，次のいずれかの形である．
   a. $(S \rightarrow XA)$ ここで $X \in N_1, A \in N_2$
   b. $(X \rightarrow Y, A \rightarrow x)$ ここで $X, Y \in N_1, A \in N_2, x \in (N_2 \cup T)^*, 2 \geq |x|$
   c. $(X \rightarrow Y, A \rightarrow \sharp)$, ここで，$X, Y \in N_1, A \in N_2$
   d. $(X \rightarrow \lambda, A \rightarrow x)$, ここで $X \in N_1, A \in N_2, x \in T^*, 2 \geq |x|$
   さらに，a の形のマトリクスはただひとつである．
3. F は c の形のマトリクスに出現する，右辺に $\sharp$ がある規則すべてからな
   る．
4. $\sharp$ は失敗記号である．つまり，$\sharp$ から終端記号列に至る規則は存在しな
   い．

N_1 と N_2 に共通部分がないから，d の形のマトリクスは導出の最後に 1 回だ
け使われることに注意する．〈定義 2.6 終わり〉

　出現検査のないマトリクス文法についてもバイナリ標準形は定義できる．
そのときは c の形のマトリクスと F は存在しないとすれば正しく定義され
る．次の定理は，すべてのマトリクス言語はバイナリ標準形のマトリクス文
法で生成できることを示す．

定理 2.5　任意のマトリクス文法（出現検査のあり・なしを問わない）につ
いて等価な（同じ言語を生成する）バイナリ標準形のマトリクス文法が存在
する．

　以後の章の証明において，バイナリ標準形の条件を少し変えた Z バイナ
リ標準形もよく使われる．

〈定義 2.7：Z バイナリ標準形〉 出現検査のあるマトリクス文法 $G\ =$

20　　第2章　計算の理論に関する準備

(N, T, S, M, F) が次の条件を満たすときは Z バイナリ標準形 (Z-binary normal form) と言う.

1. $N = N_1 \cup N_2 \cup \{S, Z, \sharp\}$. ただし，これらの集合は互いに共通部分がない.
2. M は次の形のマトリクスからなる.

   a. $(S \to XA)$, ここで，$X \in N_1, A \in N_2$
   b. $(X \to Y, A \to x)$, ここで，$X, Y \in N_1, A \in N_2, x \in (N_2 \cup T)^*, 2 \geq |x|$
   c. $(X \to Y, A \to \sharp)$, ここで，$X \in N_1, Y \in N_1 \cup \{Z\}, A \in N_2$
   d. $(Z \to \lambda)$

   a の形のマトリクスはただひとつである.
3. F は c の形のマトリクスに出現する，右辺が $\sharp$ の規則すべてからなる.
4. $\sharp$ は失敗記号である.

〈 定義 2.7 終わり 〉

　Z バイナリ標準形マトリクス文法で成功する導出においては，終端記号列のひとつ前の列は Zw，ただし $w \in T^*$ であり，最後に d のマトリクス（ただひとつである）により導出が終了することに注意する.

定理 2.6　任意の帰納的可算言語 L について出現検査付き Z バイナリ標準形マトリクス文法 G が存在し，$L = L(G)$ である.

　これからいくつかの証明にマトリクス文法を用いる．その際，特に断りがなければ，文法は出現検査付きバイナリ標準形か，Z バイナリ標準形 $G = (N, T, S, M, F)$ であり，次の記号的約束[4]を満たす．$N = N_1 \cup N_2 \cup \{S, \sharp\}$（または $N = N_1 \cup N_2 \cup \{S, Z, \sharp\}$，Z バイナリ標準形のとき）とし，これらの間には共通部分はないとする．M には $n + 1$ 個のマトリクス $m_0, m_1, \ldots, m_n$ があり，m_0 は $(S \to X_{init} A_{init})$ とする．$X_{init} \in N_1, A_{init} \in N_2$ は開始記号の次に導出される非終端記号をそう名付けるのである．開始のマトリクスはひとつだけであるから，こうしても一般性を失わない．m_1 から m_k は出現検査のないマトリクス $(X \to Y, A \to x)$ とし，m_{k+1} から m_n は出現検査をするマトリクス $(X \to Y, A \to \sharp)$ とする．k は $1 \leq k \leq n$ を満たす任意の整数であるから，こ

---

4)　使う記号が何を意味するかを統一的に約束する．文法の実体には何ら制限を付けるものでない.

2.5 協調分散文法システム（CD 文法システム） 21

うしてもやはり一般性を失うことはない．また，出現検査をする非終端記号
（F に属する規則の左辺に現れる記号）をふたつにしても，任意の帰納的可
算言語を生成できることがわかっている．その性質を利用する証明も後ほど
出てくる．

2.5 協調分散文法システム（**CD 文法システム**）

　この節では，後ほどの証明に用いる協調分散文法システムを紹介する．こ
の文法は文脈自由形の生成規則の集合が複数あり，それらの集合を順番に
使って導出する．使い方にいくつかの変形がある．そのうち本書で用いるの
は極大モードである．このモードでは一度ある集合に属する規則を適用する
と，その集合に属する規則が適用できる限り使い続けなくてはいけない．た
とえば，規則の集合が $R_1 = \{S \to ABC\}$, $R_2 = \{A \to aA', B \to bB', C \to cC'\}$,
$R_3 = \{A' \to A, B' \to B, C' \to C\}$, $R_4 = \{A \to a, B \to b, C \to c\}$ であり，開始記
号は S とする．まず，R_1 の $S \to ABC$ により ABC ができる．R_2 の規則を
適用すると A, B, C がそれぞれ aA', bB', cC' になるから $aA'bB'cC'$ ができる．
ここで R_2 の規則は使えなくなり，R_3 の規則を使うしかない．それを使える
だけ使うと $aAbBcC$ ができる．このように導出を続ければ，$a^nAb^nBc^nC$ がで
きる $(n \geq 0)$．ここで R_4 の規則に移ると，$a^{n+1}b^{n+1}c^{n+1}$ ができて導出は終了す
る．よって生成する言語は $\{a^nb^nc^n | n \geq 1\}$ となる．

　このように，ある集合に属する規則を使えるだけ使い，どの規則も使えな
くなると別の集合に移るのが極大モードである．以下に定義を示す．

〈定義 2.8：協調分散文法システム〉位数 n $(n \geq 1)$ の**協調分散文法システム**
（cooperating distributed grammar system，CD 文法システムと略す）は $n + 3$
項組 $G = (N, T, S, R_1, \ldots, R_n)$ である．ここで，N は非終端アルファベット，
T は終端アルファベット，S は開始記号，R_1 から R_n は文脈自由形の生成規
則からなる集合である．規則の集合 R_i を x モードで使い $w \in (N \cup T)^*$ から
$w' \in (N \cup T)^*$ を導出することを $w \Rightarrow_i^x w'$ で表す．ここで x は $*$, t, ある
いは $\{= k, \leq k, \geq k | 1 \leq k\}$ の要素である．それぞれのモードは (1) $*$ では規則
を何回使ってもよい．(2) t はもはや使える規則がなくなるまで，必ず R_i の
規則を使う（極大モード）．(3) $\leq k$ は高々 k 回 R_i の規則を使う．(4) $= k$ で

22　　第2章　計算の理論に関する準備

はちょうど k 回 R_i の規則を使う．(5) $\geq k$ では必ず k 回以上 R_i の規則を使う．x モードにより G が生成する言語を $L_x(G)$ で表す．位数 n で x モードの CD 文法システムが生成する言語からなる族を $CD_n(x)$ で表す．〈定義 2.8 終わり〉

極大モードに関しては次の包含関係がある．

$$CF = CD_1(t) = CD_2(t) \subset CD_3(t) = ET0L$$

$ET0L$ は 2.6 節で紹介する．ほかのモードについては位数によらず，モードとモード中のパラメータ k で能力が決まる．$*, \geq 1, = 1,$ とすべての k について，$\leq k$ は文脈自由文法と等価になる．$1 < k$ の k について $= k$ と $\geq k$ は文脈自由文法より生成能力が上で，MAT^λ に包含される．

2.6　L システム

文法の生成規則は 1 ステップの導出にひとつだけ使う約束であった．ひとつの語に出現する非終端記号はいくつあってもよいから，文法はそれらをひとつずつ書き換える生成方式である．この方式を**逐次書き換え** (sequential rewriting) と言うことがある．それに対して，すべての記号を同時に書き換える生成方式も考えられてきた．こちらは**並列書き換え** (parallel rewriting) と呼ばれる．その代表が次の L システムである．

〈定義 2.9：E0L システム〉4 項組 $G = (V, T, w, R)$ は次の条件を満たすとき E0L **システム** (E0L system) と言う．

1. V は**アルファベット** (alphabet)
2. $T \subseteq V$ は**終端アルファベット** (terminal alphabet)
3. $w \in V^*$ は**初期列** (axiom)
4. R は $a \to x\,(a \in V, x \in V^*)$ の形の**規則** (rule) からなる有限集合である．ただし，すべての $a \in V$ について少なくともひとつの規則 $a \to x$ が R に属する．

ふたつの語 $w_1, w_2 \in V^*$ について，w_1 から G によって w_2 が導出される（$w_1 \Rightarrow_G w_2$ と書く）のは $w_1 = a_1 \cdots a_n, w_2 = x_1 \cdots x_n\,(a_i \in V, x_i \in V^*, i \in \{1, \ldots, n\})$

かつ任意の $i \in \{1, \ldots, n\}$ について $a_i \to x_i \in R$ のときである. 例によって $\Rightarrow_G$ の反射推移閉包を $\Rightarrow_G^*$ と書く. 文脈により G が明らかなときは G を省略して $\Rightarrow^*$ とする. G が生成する言語 $L(G)$ は $L(G) = \{z \in T^* | w \Rightarrow^* z\}$ で与えられ, E0L 言語と呼ぶ. すべての E0L 言語からなる族を $E0L$ とする. 〈定義 2.9 終わり〉

この定義は並列書き換えであること以外にも文法との違いがいくつかある. まず, 終端アルファベットの文字も規則の左辺に出現する. つまり, 書き換えられる. $V - T$ を非終端アルファベットと呼んでもよいが, 規則と導出の面からは区別する必然性は薄い. 導出の開始は1記号ではなく記号列である. 現在の列に同一文字, たとえば a が複数出現し, それに対する規則が複数あるとき, 異なる a の出現は異なる規則により書き換えられてもよい. したがって, 左辺が共通な規則が複数（たとえば c 個）あるときは可能な導出の種類はきわめて多くなる（語の長さを n とすると最大 c^n）. 終端記号列になった語だけが生成する言語に属する. しかし, その語が書き換えられ, 別の語（それも生成する言語に属してもよい）になることもある. 終端記号と言っても導出の終わりを意味するのではない. このような違いはL システムの歴史的由来による[5].

次のふたつの例は, 並列書き換えと逐次書き換えの違いを明確に示す.
〈例2.7：指数成長の例〉 $G = (\{a\}, \{a\}, a, \{a \to aa\})$ を考える. 最初のいくつかの導出は $a \Rightarrow aa \Rightarrow aaaa = a^4 \Rightarrow a^8 \cdots$ となる. これらの語はすべて生成される言語に属するから, $L(G) = \{a^{2^n} | n \geq 0\}$ である. すべての文字が同時に並行して書き換えられるので, 倍々の成長になる. 〈例2.7 終わり〉
〈例2.8：やや複雑なLシステム〉 $G = (V, \{a, b, c\}, ABC, R)$ を考える. ここで, $V = \{A, A', B, B', C, C', F, a, b, c\}$ であり, R は次のとおりである.

---

5) L システムは植物学者の A. Lindenmayer が考案した植物の生長モデルが起源である. もともとは終端アルファベットを区別せず, すべての列を生成される列とした（すべての文字が終端アルファベットの要素）. それを 0L システムとして, 終端アルファベットを区別するのは拡張 (Extended) だから E0L システムとした. 文脈依存形の規則は細胞間の相互作用を表現できるので, それを使うシステムが先に提案されている. 文脈依存形は相互作用あり (Interactive) で IL システムと呼ばれる. 0 は文脈がないことを表す. もちろん L は Lindenmayer にちなむ. L システムについてより詳しいことは拙論文 [27] を参照いただけると幸いである.

24　第 2 章　計算の理論に関する準備

$$R = \{A \to AA', A \to a, A' \to A', A' \to a,$$

$$B \to BB', B \to b, B' \to B', B' \to b,$$

$$C \to CC', C \to c, C' \to C', C' \to c,$$

$$a \to F, b \to F, c \to F, F \to F\}$$

G における導出で一度 F が出現するとずっと残る，つまり生成される言語には決して入らないことに注意する．終端文字 a, b, c が出ると次のステップでは F になるので，A, A', B, B', C, C' がすべて同時に終端文字になる以外，終端文字列は導出されない．以上の考察により，生成される語を作る導出は，

$$ABC \Rightarrow^* AA'^n BB'^n CC'^n \Rightarrow a^{n+1} b^{n+1} c^{n+1} \Rightarrow F^{3n+3}$$

ただし，$n \geq 0$ となることがわかる．よって，$L(G) = \{a^n b^n c^n \mid n \geq 1\}$ となる．
〈例 2.8 終わり〉

　このふたつの例で生成される言語は，どちらも $CS - CF$ に属する言語である．例 2.7 ではすべての文字が終端文字であった．よって 0L システムの例である．例 2.8 では終端文字が同時に出現する．このような E0L システムを同期型と言う．すべての E0L システムは同じ言語を生成する同期型に変換することができる．

　規則の集合が複数あり，そのうちのどれかにより導出されるようにした拡張は，テーブル L システムと言う．

〈**定義 2.10：ET0L システム**〉**ET0L システム** (ET0L system) は構成 $G = (V, T, w, R_1, \ldots, R_n)$ である．ここで，V はアルファベット，$T \subseteq V$ は終端アルファベット，$w \in V^*$ は初期列，R_i ($i \in \{1, \ldots, n\}$) は規則の集合であり，**テーブル** (table) と呼ばれる．ふたつの語 $w_1, w_2 \in V^*$ について $w_1 \Rightarrow_{R_i} w_2$ ($i \in \{1, \ldots, n\}$) となるのは $w_1 = a_1 \cdots a_l$, $w_2 = x_1 \cdots x_l$ ($a_j \in V$, $x_j \in V^*$, $j \in \{1, \ldots, l\}$) かつ任意の $j \in \{1, \ldots, l\}$ について $a_j \to x_j \in R_i$ のときである．$i_1, i_2, \ldots, i_k \in \{1, \ldots, n\}$ が存在し，$w_1 \Rightarrow_{R_{i_1}} w_2 \Rightarrow_{R_{i_2}} \cdots \Rightarrow_{R_{i_k}} w_{k+1}$ のとき，w_1 から k ステップで w_{k+1} が導出されるとする．任意の $z \in V^*$ から 0 ステップで z を導出すると約束する．G における 0 ステップ以上の導出を $\Rightarrow^*$ で表

す．G が生成する言語 $L(G)$ は $L(G) = \{z \in T^* \mid w \Rightarrow^* z\}$ であり，ET0L 言語と言う．すべての ET0L 言語からなる族を $ET0L$ とする．〈定義 2.10 終わり〉

〈例 2.9：テーブルの例〉 $G = (\{a\}, \{a\}, a, \{a \to aa\}, \{a \to aaa\})$ を考える．テーブルは $\{a \to aa\}$ と $\{a \to aaa\}$ のふたつである．前者を t_1，後者を t_2 とする．アルファベットは a だけからなるので導出される語の形は a^i である．これを t_1 で書き換えると a^{2i} になり，t_2 で書き換えると a^{3i} になる．最初は $i = 1 = 2^0 3^0$ であるから，導出される語の一般形を $a^{2^n 3^m}$ とおいてみる．すると t_1 により $a^{2(2^n 3^m)} = a^{2^{n+1} 3^m}$，$t_2$ により $a^{3(2^n 3^m)} = a^{2^n 3^{m+1}}$ が得られ，この一般形以外は導出されないことがわかる．よって，$L(G) = \{a^{2^n 3^m} \mid n \geq 0, m \geq 0\}$ となる．終端アルファベットの区別がない（$V = T$ である）から，G は T0L システムの例にもなっている．〈例 2.9 終わり〉

この例の言語は E0L システムでは生成できない．ここで取り上げた言語の族について次の包含関係が成り立つ．

定理 2.7 $CF \subset E0L \subset ET0L \subset CS$

また，任意の ET0L 言語はふたつのテーブルを持つ ET0L システムで生成できることが知られている（文献 [20] p. 236 Theorem 1.3）．

2.7 正規表現

文法はある規則に従った文字列の（無限）集合を定めるのであるが，与えられた文字列がその集合に属するかどうか文法を使って判断するのは，人間にとっては簡単ではない[6]．文字列が満たすべきパターンを規則として与えると，文法より直感的な文字列指定法が得られる．たとえば電子メールアドレスは〈ユーザ名〉@〈url〉であり，〈ユーザ名〉と〈url〉は英語のアルファベットと @ を含まない若干の記号の列である．@ はひとつだけといったことがこのパターンからわかる．文字列指定のパターンを正規表現と言う．

〈定義 2.11：正規表現〉アルファベット V 上の**正規表現** (regular expression) E と E が表現する語の集合 $L(E)$ は，次により定義される．

1. $\lambda, \emptyset$ は正規表現であり，$L(\lambda) = \{\lambda\}$，$L(\emptyset) = \emptyset$ である．

---

6) 母国語の文を除いて．しかし，母国語の読み書きでいちいち文法を意識しているだろうか．

26   第2章　計算の理論に関する準備

2. a が V に属する文字ならば a は正規表現であり，$L(a) = \{a\}$ である．

3. E_1, E_2 が正規表現のとき，$(E_1 + E_2), (E_1 E_2), (E_1^*)$ は正規表現である．それ
   ぞれ，和，連接，Kleene 閉包と呼ぶ，$L(E_1 + E_2) = L(E_1) \cup L(E_2), L(E_1 E_2)$
   $= L(E_1)L(E_2), L(E_1^*) = (L(E_1))^*$ である．

4. 1〜3 で定まるものだけが正規表現である．

〈定義 2.11 終わり〉

　定義 2.11 は帰納的（再帰的）定義になっている．和，連接，Kleene 閉包
の結合の強さを，

$$和 < 連接 < \text{Kleene 閉包}$$

（右のほうが強い）と定め，不要な括弧は省略する．たとえば，$c(a + ((b^*)c))$
は $c(a + b^*c)$ とする．また，任意の正規表現 E について EE^* を E^+ と表す．
E^+ は E を 1 回以上繰り返す表現である．

〈例 2.10：正規表現の例〉電子メールアドレスなどでは文字の種類が多くな
りわずらわしいので，0 と 1 だけで済む 2 進定数を考える．冗長でない（余
計な 0 がない）2 進定数は，0 は 0 だけ，それ以外は先頭に 0 がない（つま
り 1 で始まる）．それを正規表現で表すと $0 + 1(0 + 1)^*$ となる．$(0 + 1)^*$ は 0
と 1 からなるすべての列（空列を含む）を表す，つまり，$L((0+1)^*) = \{0, 1\}^*$
である．よって，先頭に 0 がある列も入る．その前に 1 を連接すれば，1 で
始まる列だけを指定できる．〈例 2.10 終わり〉

　正規表現により表される言語の族は正規言語の族と等しいことが知られ
ている．正規表現は計算機による文字列処理の仕様記述とプログラミングに
広く用いられている．たとえばコンパイラでは，構文解析の前にソースプロ
グラムに対し正規表現のパターンマッチを行い，ここは数値定数（例 2.10
参照），ここは予約語，ここはプログラマが決めた変数名，などとプログラ
ム中の役割ごとに語句を分ける（字句解析と言う）．そのような応用面では，
記述能力を向上させるため，ここで述べた以外に多くの演算子や表記法が採
用されている．それにより正規言語以外の言語も記述できるようになってい
る．しかし，本書では定義 2.11 で十分である．

2.8 チューリング機械とレジスタ機械

　この節では「計算」を抽象化して統一的かつ厳密な扱いをするための道具であるチューリング機械とレジスタ機械を紹介する．どちらも現実の機械ではなく「頭の中」で考案されたものである．A. M. Turing の原論文 [21] によれば，チューリング機械とは，「人間が計算するときに使う諸要素，すなわち，メモ用紙，『にさんがろく』といった計算の規則，今何をやったか覚えておく短期記憶を，それぞれマス目に区切られた 1 次元のテープ，動作の規則，有限記憶部，として抽象化し，それらを結びつけた仮想マシン」である（図 2.2 参照）．テープのひとマスに書かれたひとつの記号を読むヘッドがあり，有限記憶部に格納されている状態とテープ記号から，次の状態，テープに書き込む記号，ヘッドの動き（右か左にひとマス移動する，あるいは動かない）を決める動作関数が 1 ステップの動作を決める．テープは右方向にどれだけでも延ばせるとしている．以上をきちんと定義すれば，次のとおりである．

〈定義 2.12：チューリング機械〉 **チューリング機械** (Turing machine) は 7 項組 $M = (Q, \Sigma, V, B, \delta, q_0, F)$ である．ここで，

1. Q は**状態** (state) の有限集合．
2. Σ は**入力アルファベット** (input alphabet).
3. V は**テープアルファベット** (tape alphabet), ただし，$\Sigma \subset V$ である．
4. $B \in V - \Sigma$ は**空白記号** (blank symbol).
5. $\delta : Q \times V \to 2^{Q \times V \times \{-1, 0, 1\}}$ は**動作関数** (move function).
6. $q_0 \in Q$ は**初期状態** (initial state).
7. $F \subseteq Q$ は**受理状態の集合** (set of accept states).

である．

　チューリング機械はマス目に区切られた右方向に無限に延びるテープを持つ．各マス目には V の記号がひとつ入る．そのうち有限個のマス目を除いた残りは B が入っている（つまり空白）．動作開始時にはテープの左端から入力列 $w = a_1 \cdots a_n$ $(a_i \in \Sigma, i \in \{1, \ldots, n\})$ が入っている．チューリング機械は

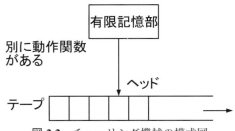

図 2.2 チューリング機械の模式図

Q の要素をひとつ，現在の状態として持つ．動作開始時の状態は q_0 である．

現在の状態が q，テープの空白でない部分の記号列が $X_1 \cdots X_n$，そのうちヘッドが X_i にあることを**様相** (configuration) $X_1 \cdots X_{i-1} q X_i X_{i+1} \cdots X_n$ で表す．ここで X_n の右には B しか現れない．

動作関数は様相の変化をもたらす．現在の様相が $X_1 \cdots X_{i-1} q X_i X_{i+1} \cdots X_n$ で $(p, Y, 1) \in \delta(q, X_i)$ のとき，次の様相は $X_1 \cdots X_{i-1} Y p X_{i+1} \cdots X_n$ となる．$(p, Y, -1) \in \delta(q, X_i)$ のとき，次の様相は $X_1 \cdots X_{i-2} p X_{i-1} Y X_{i+1} \cdots X_n$ となる．$(p, Y, 0) \in \delta(q, X_i)$ のとき，次の様相は $X_1 \cdots X_{i-1} p Y X_{i+1} \cdots X_n$ となる．つまり，δ の値 (p, Y, d) において，$d = 1$ ならヘッドをひとマス右に，$d = -1$ ならひとマス左に，$d = 0$ ならヘッドを動かさない．

$\delta(q, X_i)$ は複数の要素を持ってもよく，そのうちどれを用いて次の様相を決めてもよいから，次の様相は複数の可能性がある．これを**非決定性**（英語で名詞は nondeterminism，形容詞は nondeterministic）と言う．動作においては非決定性のすべての可能性を考える必要がある．様相 $\alpha q \beta$ から 1 ステップで $\alpha' p \beta'$ が得られることを $\alpha q \beta \vdash_M \alpha' p \beta'$ で表す．例によって $\vdash_M$ の反射推移閉包を $\vdash_M^*$ と書く．M が明らかなときは $\vdash^*$ とする．

動作開始時は，ヘッドは一番左のマス目にある．入力を $a_1 \cdots a_n$ とすればそのときの様相は $q_0 a_1 \cdots a_n$ である．これを**初期様相** (initial configuration) と言う．任意のテープ記号列 $\alpha, \beta \in V^*$ について $\alpha q_f \beta$，ただし $q_f \in F$ を**受理様相** (accepting configuration) と言う．M が受理する言語 $L(M)$ は，

$$L(M) = \{w \in \Sigma^* \mid C_w \vdash^* C_f, C_w \text{ は } w \text{ に対する初期様相}, C_f \text{ は受理様相}\}$$

で与えられる．

チューリング機械 M がすべての $q \in Q$ と $X \in V$ について $|\delta(q, X)| \le 1$ である（(q, X) に対する動作関数の値は定義されていないか，ただひとつである）とき，**決定性**（英語で名詞は determinism，形容詞は deterministic）と言う．一般にはチューリング機械は決定性でなく，前に述べたとおり非決定性である．つまり，決定性チューリング機械は非決定性チューリング機械の特殊な場合である．決定性チューリング機械を DTM，非決定性チューリング機械を NTM と略す．〈定義 2.12 終わり〉

チューリング機械が受理する言語の族については次の定理がある．

定理 2.8 NTM が受理する言語の族および DTM が受理する言語の族は，ともに RE である．

定義 2.12 は入力を受理するチューリング機械を定めた．それに対し，入力を出力に変換するチューリング機械や，ある出力を生成するチューリング機械も考えることができる．

〈定義 2.13：変換と生成のチューリング機械〉 チューリング機械 $M = (Q, \Sigma, V, B, \delta, q_0, F)$ が入力 $x \in \Sigma^*$ で動作を開始し，停止（状態 q とテープ記号 X について $\delta(q, X)$ が定義されていなければ停止する）したとき，テープの空白以外の記号列が $y \in (V - \{B\})^*$ であれば，M は x を y に**変換する** (transfer) と言い，$y \in M(x)$ と表す．M が決定性ならば $y = M(x)$ とする．

M が空語を入力として動作を開始し，停止したときテープの空白以外の記号列が y であるとき，M は y を**生成する** (generate) と言う．M が決定性だと高々ひとつの y しか生成しない（M が停止しないときは何も生成しない）．よって，生成を考えるときは NTM を念頭におく[7]．〈定義 2.13 終わり〉

定理 2.8 は 0 型文法とチューリング機械の等価性を述べている．この関係を汎化した次の主張がある．

「アルゴリズムによる計算（有限手段による必ず停止する計算）はチュー

---

[7]　しかし，停止しない DTM でテープ上に無限に書き出される記号列を数値に符号化し，ある無理数（たとえば円周率 π）の各桁になっていれば，その無理数を計算するチューリング機械とする使い方もある．実際 π を計算するチューリング機械は構成できる．Turing の原論文はそのような議論を展開した．このように，チューリング機械には多種多様な変形がある．

30   第 2 章　計算の理論に関する準備

リング機械の停止計算として表現できる」.

　これを**チャーチ・チューリングの提唱** (Church-Turing's thesis) と言う. 「ア
ルゴリズムによる計算」という概念をすべて定義することはできないため[8]，
この主張の証明はなく，受け入れるかどうかの対象である. これまで考えら
れてきた「アルゴリズムによる計算」の定式化（述語論理，帰納的関数，セ
ルラーオートマトン，EIL システムなど）は，すべてチューリング機械と等
価であることが証明されたので，チャーチ・チューリングの提唱は真実であ
ると考えられている. また，チューリング機械と等しい計算能力を持つこと
を**計算万能性** (computational universality) を持つと言う.

　本書でチューリング機械を直接使う証明はない. しかし，次の節で紹介す
る計算の複雑性において，チューリング機械は必須の道具である.

　チューリング機械は語と言語の議論に都合が良いのに対し，数の議論には
次のレジスタ機械が向いている.

〈定義 2.14：レジスタ機械〉**レジスタ機械** (register machine) は構成 $M =$
(n, H, l_0, l_h, I) である. ここで，

1. 整数 $n \geq 1$ は M のレジスタの個数を表す.
2. H は**命令ラベル** (labels of instructions) の有限集合である.
3. $l_0 \in H$ は**初期命令ラベル** (label of the initial instruction) である.
4. $l_h \in H$ は**停止命令ラベル** (label of the halting instruction) である.
5. I は〈命令ラベル〉：〈オペレーション〉形をした命令の有限集合である.
   命令には次の種類がある.
   a. **加算命令** (add instruction), $p : (\text{ADD}(r), q_1, q_2)$ $(p, q_1, q_2 \in H, 1 \leq r \leq n)$
      この命令はレジスタ r を 1 増やし，次に q_1 か q_2 のラベルが付いた命
      令を非決定的に選択して実行する.
   b. **減算命令** (subtract instruction), $p : (\text{SUB}(r), q, s)$ $(p, q, s \in H, 1 \leq r \leq n)$
      この命令はレジスタ r を 1 減らすことを試みる. もし減算できる（r
      が 1 以上であった）ならば，減算のあと命令ラベル q の命令を実行

---

8)　「アルゴリズムによる計算」の厳密な定義の ひとつ がチューリング機械である. しかし，以下に述
　べるとおり，ほかにも様々な定式化がある. 膜計算も「アルゴリズムによる計算」のひとつの実現で
　ある. これからも異なる定式化による「アルゴリズムによる計算」が現れるであろう.

する. そうでないとき（r が 0 であった）, r はそのままで次に命令ラベル s の命令を実行する.

c. **停止命令** (halting instruction), l_h : HALT
   停止命令はひとつだけであるが, ほかのすべての命令が次の命令を指定できるので定義上の制約にはならない.

命令のラベルは, 命令によりただひとつに決まっている（数学的に言うと命令とラベルの対応は全単射）. 停止命令はひとつだけであるから, そのラベルで代用できる. すべての加算命令が $p : (\text{ADD}(r), q, q)$ の形, つまり次の命令がただひとつ決まるとき, M を決定性と言う. そうでないときは非決定性と言う.

　レジスタ機械には, 生成モード, 変換モード, 受理モードの使い方がある.

　生成モード：M はすべてのレジスタが空 (0) の状態で, ラベル l_0 の命令から動作を開始する. M が l_h を実行して停止したとき, レジスタ 1 に格納されている数を M が生成した出力とする. 生成モードでは M は非決定性とする（決定性だと高々ひとつの数しか生成できない）. M が生成する数の集合を $N(M)$ とする.

　受理モード：M はレジスタ 1 に入力（n とする）を格納し, ほかのレジスタは 0 の状態で l_0 の命令から動作を開始する. M が停止したとき, およびそのときに限り入力 n を受理する. このモードでは M は決定性でもよい. また, 受理モードでは, 停止したときすべてのレジスタが 0 になっていると仮定しても一般性を失わない.

　変換モード：M はレジスタ 1 に入力（n とする）を格納し, ほかのレジスタは 0 の状態で l_0 の命令から動作を開始する. M が停止したとき, レジスタ 1 の内容 m を出力とする. M が決定性のとき $m = M(n)$ と表す. M が非決定性ならば $m \in M(n)$ である.

　いずれも, モードにおいても複数のレジスタを入力あるいは出力に指定することにより, 自然数からなるベクトルを入力, 出力, あるいは変換することができる.〈定義 2.14 終わり〉

32   第 2 章　計算の理論に関する準備

　レジスタ機械はどの動作モードにおいてもチューリング機械と等価な能力を持つことが知られている．つまり，チューリング機械が受理，生成，変換する言語を適切な符号化により数の集合とすれば，同じ動作をするレジスタ機械が存在する．さらに，入力あるいは出力に使うレジスタに加えてふたつの作業用レジスタがあれば，この等価性が達成できることが知られている．レジスタ機械は本書の証明にしばしば登場する．

2.9　計算の複雑性

　この節では，計算にかかる時間や一時記憶のためのメモリ量など，計算に必要な資源を厳密に評価し議論する方法を紹介する．計算のための資源量は問題の難しさ，アルゴリズムの効率を知るのに必要である．ある問題 L をあるアルゴリズム A で解くことにして，それを実装したプログラム P を作りコンピュータ C にかけた．「L はどれほど速く解けますか」と聞かれて P の実行時間をストップウォッチで測り，9 秒 51 だったので「結構速い」と答えた．こういうことをしても，L の難しさあるいは易しさ，A の効率の良さあるいは悪さについては何もわからない．ちょっと前，ムーアの法則[9]が生きていた頃なら，数年待てば C より 10 倍速いコンピュータ C' が出た．当然 P の実行時間も $\frac{1}{10}$ になる．プログラミングの名人が作ったプログラム P' は，P より 3 倍速かったというのもよくある．テスト用の小さい入力例ではそこそこの時間で答えが出たが，10 倍大きい入力では 1000 倍時間がかかった．20 倍の入力では答えが出なかった．どうなっているのか，ということもあり得る．

　この小さなたとえ話は，アルゴリズムの効率，問題の難しさを議論する際，特定のコンピュータ，プログラムに依存する方法は使えないことを物語る．そこで，チューリング機械にすべてのプログラム，コンピュータの代表として登場してもらう．さらに，入力の大きさが変化するにつれて必要な計算資源がどう変わるかが大切である．入力の大きさを n として，必要な

---

9)　インテルの共同創業者 G. E. Moore が 1965 年に発表した集積回路 (IC) についての論文から，「IC の集積度は 1 年半ごとに 2 倍になる」と信じられていたこと．その後，約半世紀にわたってそのとおりになったが，2010 年頃からは増加率が低下し，ムーアの法則も終わりかと言われている．

資源量が 2^n になる場合（上の段落の最後はこの想定であった），入力が 20 倍になれば約 100 万倍，30 倍になれば約 10 億倍になり，ムーアの法則でも追いつくことはできない．それに対し，n^3 なら，20 倍で 8000 倍，30 倍で 27000 倍だからムーアの法則全盛時代なら，ただ待っているだけで計算できるようになった．というわけで，計算の複雑性を議論するときは入力の大きさが n のとき必要になる資源量を n の関数 $f(n)$ で表し，$f(n)$ が n が大きくなるときどの程度の速さで大きくなるかを問題にする．

〈**定義 2.15：時間計算量と領域計算量**〉 $t(n)$, $s(n)$ を自然数から自然数への関数とする．DTM M が長さ n の入力を $t(n)$ ステップ以下で受理するとき，M の**時間計算量** (time complexity) は $t(n)$，あるいは M は $t(n)$ **時間限定** (time bounded) と言う．M が長さ n の入力を受理するとき，どのステップにおいても様相の長さが $s(n)$ 以下であるならば，M の**領域計算量** (space complexity) は $s(n)$，あるいは M は $s(n)$ **領域限定** (space bounded) と言う．NTM M が長さ n の入力を $t(n)$ ステップ以下で受理する計算（様相の系列）が<u>存在する</u>とき，M の時間計算量は $t(n)$，あるいは M は $t(n)$ 時間限定と言う．M が長さ n の入力を受理する計算において，どの様相も長さが $s(n)$ 以下になるものが<u>存在する</u>とき，M の領域計算量は $s(n)$，あるいは M は $s(n)$ 領域限定と言う．

　ある問題（言語）L が決定性（非決定性）$t(n)$ 時間限定 TM により受理されるとき，L の決定性（非決定性）時間計算量は $t(n)$ である．このとき L はクラス $DTIME(t(n))$ $(NTIME(t(n)))$ に属すると言う．L が決定性（非決定性）$s(n)$ 領域限定 TM により受理されるとき，L の決定性（非決定性）領域計算量は $s(n)$ である．このとき L は，クラス $DSPACE(s(n))$ $(NSPACE(s(n)))$ に属すると言う．〈定義 2.15 終わり〉

　この定義にはいくつかの注意が必要である．まず，受理する場合しか時間や領域を規定していない．決定性のときは受理するのなら必ず $t(n)$ ステップ以内または $s(n)$ 領域以内で受理するから，動作を「横で監視」していて，それ以上動くようなら不受理として止めることができる．したがって，受理しないときの規定は不要になる．非決定性のときは $t(n)$ ステップ以上あるいは $s(n)$ 領域以上使ったからといって，そのあと受理する可能性を否定で

34   第2章　計算の理論に関する準備

きない．だが，入力を受理するのなら，$t(n)$ ステップ以内あるいは $s(n)$ 領域
以下で受理する計算が存在するのであるから，それ以上かかるのなら失敗と
して捨ててよいのである．非決定性では可能な動作をすべて試すから，存在
するものは必ず出てくる．

　次に時間と領域は<u>別々に</u>評価することに注意する．つまり，ある問題 L
の決定性時間計算量が $t(n)$ であり，決定性領域計算量が $s(n)$ であるとき，
$t(n)$ ステップで受理する DTM M_1 と $s(n)$ 領域で受理する DTM M_2 が存在す
るのであるが，一般にそれらは別のチューリング機械である．

　また，ある問題 L を受理する TM は多数存在し，それらの時間計算量や
領域計算量もまたまちまちである．その中で，今までに知られている一番
小さな関数をその問題の計算量とする．ここで関数 $f(n)$ と $g(n)$ の大小は
オーダーにより決める．正の整数 N_0 と正の実数 c が存在して任意の $n \geq N_0$
について $f(n) \leq cg(n)$ のとき，$f(n)$ は**オーダー** (order)$g(n)$ と言い，$f(n) =$
$O(g(n))$ と表す．$f(n) = O(g(n))$ であるが $g(n) \neq O(f(n))$ のときは $g(n)$ のほ
うが $f(n)$ より大きい（速く大きくなる）関数である．たとえば $n, n\log_2 n,$
$n\sqrt{n}, n^2, n^3, 2^n, n!$（階乗）と並べれば，この順に大きい関数である．

　このように問題の時間計算量や領域計算量は，通常，現在知られている上
限しか与えられない．将来その問題を解くより速いアルゴリズム（時間計算
量がより小さい TM）が見つかり，計算量が小さくなるかもしれない．いく
つかの（例外的）問題については計算量の下限（どうがんばってもこれだけ
はかかる）がわかっている．

　ここまで問題と言語を混同したような記述をしてきた．それは「はい」，
「いいえ」で答える問題（判定問題）は適切な符号化により言語に帰着で
きるからである．たとえば，与えられた 1 より大きい整数 a が素数かどう
か判定する問題を考えよう．整数は 2 進数で表現すれば 0 と 1 の列になる．
素数に対応する 2 進数だけからなる言語を L_p，a の 2 進数表現を $[a]_2$ とす
れば，素数の判定は $[a]_2 \in L_p$ を問う，言語の所属性問題になる．第 5 章の
定義 5.1 では判定問題と言語の関連について厳密な定義を与えている．

　DTIME$(t(n))$ などは複雑性のクラスと言う．$t(n), s(n)$ に具体的な関数を代
入して，具体的なクラスを定める．

$$P = \bigcup_{1 \leq i} DTIME(n^i)$$

$$NP = \bigcup_{1 \leq i} NTIME(n^i)$$

$$PSPACE = \bigcup_{1 \leq i} DSPACE(n^i)$$

$$DEXP = \bigcup_{1 \leq i} DTIME(2^{n^i})$$

上から順に，決定性多項式時間，非決定性多項式時間，決定性多項式領域，決定性指数関数時間のクラスと言う．非決定性多項式領域がないのは任意の $f(n)$ について $NSPACE(f(n)) \subseteq DSPACE((f(n))^2)$ が成立する（サビッチの定理）ので，決定性多項式領域と等しくなるからである．これらのクラスの間には，

$$P \subseteq NP \subseteq PSPACE \subseteq DEXP$$

の包含関係が成立する．また，複雑性のクラスに関する一般論より P は $DEXP$ に真に包含されることもわかっている．したがって，上に 3 つある $\subseteq$ のうち，少なくともひとつは真の包含 $\subset$ でなければならない．しかしながら，どれが真の包含でどれが等しいかは不明である．たぶんすべて真の包含であろうと予想されている．

　P に属する問題は現実に解けると言ってよい．$DEXP$ に属する問題はお手上げである．解くべき問題の例の大きさが 1 増えるだけで時間が 2 倍以上かかるのであるから，少し大きな例になると超天文学的時間になる．囲碁や将棋で与えられた盤面から先手が勝つ手順があるかどうか判定するのは $DEXP$ に属する[10]．現実に重要な問題で NP や $PSPACE$ に入るものは多い．それらの問題は必ず答えを得ようとする（決定性の計算をする）と，今

---

10)　問題の大きさは盤の大きさである．実際に行われている 19 路 × 19 路，9 路 × 9 路 だけでなく，任意の大きさの盤を考える．もちろん実際の盤でも計算時間は超天文学的である．最新の AI といえども必ず勝つ手順を見つけるのではなく，過去の対局データを学習して，有利になる手順を探しているのである．人間の棋士はデータ量で負ける分を勝負の勘で補っているが，データの絶対量には及ばないようだ．

36   第 2 章　計算の理論に関する準備

のところ指数関数かそれ以上の時間がかかり，お手上げの部類になる．も
し，$P = NP$ あるいは $P = PSPACE$ であると，現実的時間で解ける．とい
うことで $P = NP$ であるかどうかは計算機科学の重要な未解決問題である．

　計算の複雑性クラス階層を整理する概念として，困難性と完全性とがあ
る．$L_1 \subseteq \Sigma_1^*$, $L_2 \subseteq \Sigma_2^*$ を問題とする．L_1 が L_2 に決定性多項式時間で**還元**
(reduction) できるとは，任意の $x \in \Sigma_1^*$ を $M(x) = y \in \Sigma_2^*$ に変換する多項式時
間限定 DTM M が存在し，$x \in L_1$ のとき，およびそのときに限り $y \in L_2$ とな
る場合を言う．M が変換する時間と変換後の y の長さは，ともに x の長さ
の多項式である．よって L_2 が決定性多項式時間のクラスに属するならば L_1
も決定性多項式時間で解ける．

　ある問題 L が $\mathcal{NP}$ **完全** (complete) であるのは，

1. $L \in NP$
2. すべての $L' \in NP$ について L' は L に決定性多項式時間で還元できる．

の条件を満たすときである．2 だけ満たすときは $\mathcal{NP}$ **困難** (hard) と言う．あ
る問題が $\mathcal{NP}$ 困難であることを示すのは「すべての $L' \in NP$」を還元しな
ければならない．NP に属する問題は無限にあるので不可能に思える．と
ころが S.A. Cook がチューリング機械の様相を使う極めて巧妙な方法を用
いて，ブール式の充足可能性判定問題[11] が $\mathcal{NP}$ 完全であることを 1971 年
に証明した．その後，多くの問題が $\mathcal{NP}$ 完全であることがわかった．もし，
ひとつの $\mathcal{NP}$ 完全問題でも決定性多項式時間で解けると $P = NP$ になる．
$PSPACE$ や $DEXP$ についても完全の概念を定義することができる．詳しい
ことはこの分野の教科書，専門書に載っている．文献は数多く出版されてい
るが，この 2 冊 [24, 25] をお薦めする．

---

11)　ブール式の充足可能性判定問題は第 5 章にある．

この章で形式言語理論と計算の理論を駆け足で見てきた．本書で必要になることしか述べなかったので，さらに興味のある方，全体像を知りたい方は文献（上にある）を参照していただきたい．また記述の簡単化のため，細かな例外的事項をはしょったところがたくさんある．専門の文献と違っているとすれば，本書が省略しすぎなのである．

第3章 膜計算の可能性
——オブジェクト書き換え型

この章では最初に提案された膜計算モデルのきちんとした定義を与える．膜の数，規則の性質（非コーポレーション：文脈自由形かコーポレーション：文脈依存形か）による様々なタイプも定める．そのあと，一番能力が高いモデルは，原理的に計算できるすべての数の集合を生成できることを証明する．次に，膜の破壊，規則の優先順序を持たせたモデルの拡張を考える．モデルを拡張すれば，非コーポレーション規則でも計算能力が上がることを証明する．

3.1 基本のモデル

膜計算モデルを定義するに当たって，モデルを構成する諸要素をまず決めておこう．なんといっても，膜とそれが作る構造をどうモデルに組み込むかが最大の課題だ．図 3.1 に示す入れ子の図形は直感的にわかりやすいが，いちいち図を書くのは煩瑣であるし，厳密性も欠く．そこで，これを図 3.2 に示す木構造で表す．図 3.2 の数字と図 3.1 の数字は対応しており，同じ数字は同じ膜（領域）を示す．木構造は対応のとれた括弧列として表現することができる．図 3.2 は $[_1[_2[_3]_3[_4[_5]_5]_4]_2[_6]_6]_1$ となる．ここで，括弧の下付数字は図 3.2 の数字と対応している．今後は，括弧列で膜構造を表す．一番外側の膜（図 3.1 では膜 1）を**皮膜** (skin membrane) と言う．一番内側にあってその中に膜がないものは**基本膜** (elementary membrane) と言う（図 3.1 では 3,5,6）．膜の総数を**位数** (degree) と呼ぶ．図 3.1 では位数は 6 である．

第3章 膜計算の可能性——オブジェクト書き換え型

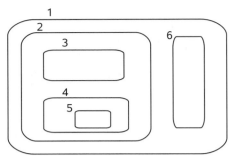

図 3.1　膜構造の一例

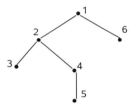

図 3.2　膜構造図 3.1 の木による表現

次に，膜の中にある「物体」について検討する．生物の細胞をまねるからには分子を相手にすることになる．それぞれの領域に，それぞれ分子の集団がある．集団では分子の種類とともに個数も考慮しなければならない．したがって，可能な分子種すべての集合を O として，その上の多重集合が各領域に存在する．

〈**定義** 3.1：膜計算システム〉m 個の膜を持つ**膜計算システム** (membrane system)（以後 **P システム** (P system) と呼ぶ，P は Păun にちなむ）は $2m + 3$ 個の要素 $\Pi = (O, \mu, w_1, \ldots, w_m, R_1, \ldots, R_m, i_0)$ からなり，それぞれの記号は次の意味を持つ．

1. O はアルファベットである．ただし，P システムでは O の要素は**オブジェクト** (object) と呼ぶ．
2. μ は位数 m の膜構造である．膜（および領域）には 1 から m の番号がついている．

3. w_i（$1 \leq i \leq m$）は領域 i にある**初期多重集合** (initial multiset) である.

4. R_i（$1 \leq i \leq m$）は領域 i に付随した**規則の集合** (set of rules) である. 規則は $u \rightarrow v$ の形をしている，ここで，u は O の上の語（多重集合），v は O_{tar} の上の語（多重集合）であり，O_{tar} は集合 $O \times TAR$ で，$TAR = \{here, out\} \cup \{in_j \mid 1 \leq j \leq m\}$ である. $here, out, in_j$ はオブジェクトの行き先を示し，$here$ は現在の領域，out はひとつ外側の領域，in_j はひとつ内側にある番号 j の領域に行くことを示す. ひとつ内側に番号 j の領域がないときについては後に記す.

5. $i_0 \in \{1, \ldots, m\}$ は基本膜の番号であり，出力の領域を示す.

もし Π の規則の中に左辺の多重集合の要素がふたつ以上のものがあるとき，Π を**コーポレーション** (cooperation) 型と言う. すべての規則の左辺の要素がただひとつのオブジェクトのときは，**非コーポレーション** (noncooperation) 型と言う. 〈定義 3.1 終わり〉

P システムの規則を適用するとき，次の非決定的極大方式がよく用いられる.

〈**定義 3.2：非決定的極大方式**〉領域 i ($1 \leq i \leq m$) の規則の集合を R_i，領域 i に存在する多重集合を w_i' とする. R_i に属する規則からなる多重集合 $\mathcal{A}$ が，

1. $(\cup_{u \rightarrow v \in \mathcal{A}} u) \leq w_i'$ かつ,
2. $\mathcal{A}$ に対して，R_i に属する規則をどれでもよいからひとつ追加した多重集合を $\mathcal{A}'$ とすると $(\cup_{u \rightarrow v \in \mathcal{A}'} u) \not\leq w_i'$,

を満たすとき，$\mathcal{A}$ が**非決定的極大方式で選択された** (selected by the nondeterministic maximal method) と言う. つまり，現在の多重集合に適用できる規則はできるだけたくさん選ぶ. そのような規則の多重集合は一般に複数あるので，その中のひとつを非決定的に選ぶ. 〈定義 3.2 終わり〉

定義 3.1 で定めた P システムがどうやって出力を生成するか，次の定義が述べる.

〈**定義 3.3：P システムの導出と出力**〉システム全体の状態変化において，全体の規則適用を同期させる時計があるとする. ある時点において，m 個

42　第3章　膜計算の可能性——オブジェクト書き換え型

の領域それぞれに多重集合があるので，システム全体では多重集合の m 個組がある．それを**様相** (configuration) と言う．最初の m 個組 $(w_1, \ldots, w_m)$ は**初期様相** (initial configuration) と言う．領域 i で規則 $u \to v$ が非決定的極大方式で選択された規則のひとつであるとする．次の時点では，多重集合 u に属する要素は領域 i から除かれる．代わりに v の要素が新たに生成されるのであるが，要素が所属する領域は右辺のそれぞれの記号についた *TAR* の要素によって決まる．つまり，領域 i に生成されるのは v の中で *here* となっているオブジェクトであり，*out* が付いていればひとつ外側の領域に生成され，in_j であればひとつ内側の領域 j に生成される．ひとつ内側に領域 j がないとき（そのような右辺のオブジェクトがひとつでもあるとき）規則 $u \to v$ は選択されたが適用できない．このようにして選択されたすべての規則を同時に適用する．ある時点で様相が $C_1 = (w_1', \ldots, w_m')$ であったとする．そのすべての領域でその領域で選択された規則を同時に適用した結果，様相 $C_2 = (w_1'', \ldots, w_m'')$ が得られたとする．そのとき Π により C_1 が C_2 に変化したと言い，$C_1 \Rightarrow C_2$ と表現する．

　ある様相 C において，どの領域でもひとつの規則も適用できないとき，システムは停止する．システムが停止したときの出力領域にあるオブジェクトの数が，システム Π の**出力** (output) である．規則の適用は非決定的であったから，システムは停止する場合としない場合があってもよく，停止するときの出力も様々な数があり得る．$N(\Pi)$ をシステム Π が停止するときの出力すべてを集めた集合とする．Π は $N(\Pi)$ を生成すると言う．〈定義 3.3 終わり〉

　それでは，第 1 章で取り上げた例 1.1 をこの定義に当てはめてみる．まず，$O = \{A, B, D, D_1\}$，$\mu = [_1 [_2]_2]_1$ となって，位数 m は 2 となる．それぞれの領域の初期多重集合は $w_1 = \lambda$，$w_2 = D$ となる．規則は $R_1 = \{A \to (A, here)(B, here), A \to (B, in_2)\}$，$R_2 = \{D \to (D_1, here)(A, out), BD_1 \to (D, here)\}$ となる．第 1 章では *here* を省略していた．今後も曖昧さが生じない限り省略する．第 1 章では単に (B, in) としていたが，P システムの定義にあわせるには (B, in_2) としなければならない．規則 $BD_1 \to D$ から，この例はコーポレーション型であることがわかる．最後に出力領域であるが，基本膜は 2

3.1 基本のモデル   43

だけなので $i_0 = 2$ としなければならない．しかし，第1章では出力を考えておらず，停止することがない．だから，出力は何も出ない[1]ことになる．第1章の例は膜のあり・なしによる影響を見るものだったからこれでよい．

　この節の最後にこれまでの定義に従った例を紹介する．

〈例3.1：6n を作る例〉位数2の（コーポレーション型）システム $\Pi_1 = (O, \mu, w_1, w_2, R_1, R_2, i_0)$ を考える．ただし，それぞれの要素は，

$$O = \{a, b, c\}$$
$$\mu = [_1[_2\ ]_2]_1$$
$$w_1 = a^2, \quad w_2 = \lambda$$
$$R_1 = \{a \to a(b, in_2)(c, in_2)^2, a^2 \to (a, out)^2\}$$
$$R_2 = \emptyset$$
$$i_0 = 2$$

である．最初，領域1にふたつの a があり，使える規則の多重集合は (1) $\{(a \to a(b, in_2)(c, in_2)^2, 2)\}$ か (2) $\{(a^2 \to (a, out)^2, 1)\}$ である．(2) を使うと領域1の a はなくなり（a は皮膜の外に出て失われる），以後使える規則はひとつもない（領域2には規則がない）．つまり，停止である．(1) を使うと領域1の a は2個のままで領域2に2個の b と4個の c が出現する[2]．領域1の a は2個か，なくなるかのいずれかであるから，以後すべての時点で規則の適用は同様である．(1) を n 回使ったあと (2) を使うとシステムは停止し，領域2には $b^{2n}c^{4n}$ が残る．出力ではオブジェクトの種類を区別しないので，出力は 6n である．結局，

$$N(\Pi_1) = \{6n \mid 0 \le n\}$$

---

1)　本来，細胞は生きている限り活動を続け，停止する（反応が起こらない）のは死んだときである．その観点からは「停止して出力を出す」定義は生物学的ではない．しかし，計算科学では「計算が終了し，停止して出力を出す」ことが計算可能性研究の中心概念であるので，それにあわせたのである．停止せず動き続けるが，意味のある出力も出すように拡張したモデルを考えるのも興味ある研究方向であると思う．

2)　規則 $a \to a(b, in_2)(c, in_2)^2$ がふたつ並列に使われていることに注意する．

が生成される.

同じ結果はより簡単な非コーポレーション型システム $\Pi_1' = (\{a, b\}, [_1]_1, a, \{a \to ab^6, a \to (a, out)\}, 1)$ でも生成できる. ここではそれぞれの要素を直接括弧内に書き込む方式で示した.

システム Π_1 でもし出力領域のオブジェクトを区別して数えることができれば, 数の組, つまりベクトル $(2n, 4n)$, ただし $0 \le n$, が得られる. このことはひとつの拡張性を示している. 〈例 3.1 終わり〉

3.2　基本モデルの計算能力

前の節で定めた P システムの計算能力を調べる. 結論を先に言うと, 基本モデルではあまり興味のある結果が得られない. コーポレーション型はチューリング機械と同等 (計算万能性あり), 非コーポレーション型は文脈自由文法と同等という結果であるが, いずれも膜の個数によらない, すなわち, ひとつの膜 (つまり, 膜構造なし) でも同じ結果になる (ただし, オブジェクトや規則の数は膜が多いほうが少なくなる). ということは,「膜で区切ること」の有効性を示すには基本モデルに別の機能を加える必要がある. これは次節以降で行う.

〈**定義** 3.4：P システムが生成する集合の族〉 モデルの計算能力を比較するときは,「すべての ×× モデルが生成する集合の族」同士を比べることになる. そのため, 特定のタイプの P システムが生成する自然数の集合すべてからなる族を $NOP_m(\alpha, tar)$ で表す. ここで, O はオブジェクト型 (symbol-Object) を示し, 添え字 m は正の整数で, 位数 m 以下のシステムが生成する集合からなる族を意味する. α は $\{coo, ncoo\}$ のいずれかで, $\alpha = coo$ はコーポレーション型, $\alpha = ncoo$ は非コーポレーション型を意味する. tar は規則の右辺にオブジェクトの行き先 (target) を明示することを示す. これまで定義したのはこの型だけであったが, 今後の拡張に備えて準備しておく. 位数がすべての正の整数のシステムを考えるときは, m の代わりに $*$ を用いる. たとえば, $NOP_3(coo, tar)$ は位数が 3 以下でコーポレーション型の P システムが生成する集合からなる族であり, $NOP_*(ncoo, tar)$ は位数を限定しない (すべての正の整数) の非コーポレーション型 P システムが生成する集合か

らなる族である．位数が1の場合，オブジェクトの移動はないから tar を省略する．つまり，$NOP_1(\alpha, tar)$ の代わりに $NOP_1(\alpha)$ を用いる．〈定義 3.4 終わり〉

定義の条件の包含性から次の補題は明らかである．

補題 3.1 1. すべての $1 \le m$ およびすべての $\alpha \in \{coo, ncoo\}$ について，

$$NOP_m(\alpha, tar) \subseteq NOP_{m+1}(\alpha, tar) \subseteq NOP_*(\alpha, tar)$$

2. すべての $1 \le m$ について，

$$NOP_m(ncoo, tar) \subseteq NOP_m(coo, tar)$$

および，

$$NOP_*(ncoo, tar) \subseteq NOP_*(coo, tar)$$

次の補題は，2以上のすべての整数 m について $NOP_m(\alpha, tar)$ が同じになってしまうことを主張する．

補題 3.2 すべての2以上の整数 m とすべての $\alpha \in \{ncoo, coo\}$ について，$NOP_*(\alpha, tar) = NOP_m(\alpha, tar)$ である．

証明 位数 m $(2 \le m)$ のシステム $\Pi = (O, \mu, w_1, \ldots, w_m, R_1, \ldots, R_m, i_0)$ を考える．皮膜の番号は1であるとして一般性を失わない．出力領域は基本膜で囲まれるので，$i_0 \ne 1$ である．これから $N(\Pi) = N(\Pi')$ となる位数2のシステム Π' を構成する．O の要素 a について新しいオブジェクト a_i $(1 \le i \le m)$ を用意する．また，準同型 h_i $1 \le i \le m$ を $h_i(a) = a_i$，ただし $a \in O$ と定める．それぞれの i $(1 \le i \le m)$ について $R_i = \{r_{i,1}, \ldots, r_{i,t_i}\}$ と表現する．右辺の行き先が不整合であるため使えない規則はないと仮定してよい．つまり，R_i に属する規則 $u \to v$ で，v の中に (b, in_j) があれば，膜 j が膜 i の中にあるとする．

構成する Π' の要素は，

46   第3章 膜計算の可能性——オブジェクト書き換え型

$$\Pi' = (O', [_1[_{i_0}]_{i_0}]_1, w, w_{i_0}, R'_1, R'_{i_0}, i_0)$$

$$O' = O \cup \{a_i \mid a \in O, 1 \le i \le m\}$$

$$w = h_1(w_1) \cdots h_{i_0-1}(w_{i_0-1}) w_{i_0} h_{i_0+1}(w_{i_0+1}) \cdots h_m(w_m)$$

R'_1 と R'_{i_0} は以下のとおり．規則 $u \to v \in R_i$，ただし $i \ne i_0$ について右辺 v のオブジェクトを次により変換する．すべての $(b, here)$ は $(b_i, here)$ にする．すべての (b, out) は $(b_j, here)$ にする．ただし j は μ において i のすぐ外側にある膜のラベルである．また，$i = 1$ のときは変換しない（(b, out) のまま）．すべての (b, in_s) は $(b_s, here)$ にする．ただし $s = i_0$ のときは例外で変換しない（(b, in_{i_0}) のまま）．このように変換した右辺を v' とし，新しい規則 $h_i(u) \to v'$ を作る．R'_1 は $i \ne i_0$ であるすべての R_i に属する規則全部に対して上記の変換を行った規則からなる．R'_{i_0} については，規則 $u \to v \in R_{i_0}$ の右辺 v を次のとおり変換する．$(b, here)$ はそのまま，(b, out) は (b_j, out) にする．ここで j は i_0 のすぐ外側の膜のラベルである．そうしてできる新しい右辺を v' とし，規則 $u \to v'$ を作る．それらの規則すべての集合が R'_{i_0} である．

　以上の構成より，Π の様相において オブジェクト b が領域 i ($i \ne i_0$) に存在することは Π' の様相において添え字 i 付きのオブジェクト b_i が領域 1 に存在することで表現される．出力領域 i_0 では Π と Π' は添え字なしオブジェクトからなる同じ多重集合を持つ．規則の適用と膜を越えてのオブジェクトの移動も添え字により表現される．したがって，停止したとき Π と Π' は同じ多重集合を領域 i_0 に持つ．つまり，$N(\Pi) = N(\Pi')$ である．また，上記の構成は規則の左辺の要素数を変えないから，システムの型を変えない．つまり，Π がどれかの $\alpha \in \{ncoo, coo\}$ 型であれば，Π' も同じ α 型である．よって $NOP_m(\alpha, tar) \subseteq NOP_2(\alpha, tar)$ が証明された．逆方向の包含関係は補題 3.1 による． □

　次に，既存の文法などと生成能力を比較する．非コーポレーション型の能力は文脈自由文法と同じである．

定理 3.3　$NOP_*(ncoo, tar) = NOP_1(ncoo) = NCF$

証明 包含関係,

$$NOP_1(ncoo) \subseteq NOP_*(ncoo, tar) \subseteq NCF \subseteq NOP_1(ncoo)$$

を示すことにより証明する. $NOP_1(ncoo) \subseteq NOP_*(ncoo, tar)$ は明らかである.

次に, $NCF \subseteq NOP_1(ncoo)$ を示す. $G = (N, T, S, R)$ を文脈自由文法とする. G は既約と仮定してよい (つまり, すべての非終端記号は終端記号を導出する). 位数 1 の P システム $\Pi = (N \cup T, [_1]_1, S, R \cup \{A \to A | A \in N\}, 1)$ を構成する. すべての非終端記号に規則 $A \to A$ を追加したから, 文法の逐次書き換えを Π で模倣できる. Π で規則を適用できなくなるのは G の導出が終了したときと同等であり, 明らかに $length(L(G)) = N(\Pi)$ である.

最後に $NOP_*(ncoo, tar) \subseteq NCF$ を示す. $NOP_*(ncoo, tar) \subseteq NOP_2(ncoo, tar)$ であるから, $NOP_2(ncoo, tar) \subseteq NCF$ を証明すればよい. この包含関係は 2.5 節で紹介した協調分散文法システムを用いて $NOP_2(ncoo, tar) \subseteq NCD_2(t)$ と $CD_2(t) = CF$ により示される.

$\Pi = (O, [_1[_2]_2]_1, w_1, w_2, R_1, R_2, 2)$ を非コーポレーション型 P システムとする. $i = 1, 2$ について $F_i = \{a \in O |$ 規則 $a \to x \in R_i$ がひとつも存在しない $\}$ とおく. すべてのオブジェクト $a \in O$ について新しいオブジェクト a_i と a_i' を作る, ただし $i = 1, 2$ である. $i = 1, 2$ について h_i は $h_i(a) = a_i'$ で定義される準同型とする $(a \in O)$. 一般性を失うことなく w_1 は $a \in F_1$ であるオブジェクト a を含んでいないとしてよい (そのようなオブジェクトは変化しないし, 出力領域に行くこともない).

$O \times \{here, out, in_2\}$ の上の準同型 g_1 を,

$$g_1((b, here)) = \begin{cases} \lambda & b \in F_1 \text{ のとき} \\ b_1' & \text{それ以外} \end{cases}$$

$$g_1((b, out)) = \lambda$$

$$g_1((b, in_2)) = \begin{cases} b & b \in F_2 \text{ のとき} \\ b_2' & \text{それ以外} \end{cases}$$

によって定める. 同様に $O \times \{here, out\}$ の上の準同型 g_2 を,

48　第 3 章　膜計算の可能性——オブジェクト書き換え型

$$g_2((b, here)) = \begin{cases} b & b \in F_2 \text{ のとき} \\ b'_2 & \text{それ以外} \end{cases}$$

$$g_2((b, out)) = \begin{cases} \lambda & b \in F_1 \text{ のとき} \\ b'_1 & \text{それ以外} \end{cases}$$

によって定める.

　位数 2 の CD 文法システム $\Gamma = (N, F_2, S, R'_1, R'_2)$ を構成する. ここで,

$$N = \{a_1, a'_i \mid a \in O, i = 1, 2\} \cup (O - F_2) \cup \{S\}$$

および,

$$R'_1 = \{S \to h_1(w_1)h_2(w_2)\} \cup$$
$$\{a_i \to g_i(x) \mid a \to x \in R_i, i = 1, 2\}$$
$$R'_2 = \{a'_i \to a_i \mid a \in O, i = 1, 2\}$$

である. R'_1 に属する規則は P システム Π の変化を模倣する. $i = 1, 2$ につい
て, R_i に属する規則が適用できるすべてのオブジェクト a に対応する a_i は
書き換えられる. そうでなければ CD 文法システムの t モードに反する. こ
の書き換えでプライム (′) の付いた記号が出現するから, P システムの規則
を続けて使うことはできない. 定理 3.3.1 の証明と同じく, 記号の下付数字
はオブジェクトが存在する領域を示し, P システムの領域ごとの規則を正し
く選択する. g_1, g_2 の定義は膜を越えての移動を, 下付数字として表現して
いることに注意する. また, 規則により変化しない記号 (F_1, F_2) のうち, 出
力領域 (2) に来た記号はそのまま（終端記号になっている）で, それ以外は
消している. また, 皮膜を越えて外に出る記号も消している. R'_2 の規則は
プライム付きの記号からプライムを消すので, 再び P システムの規則が使
えるようになる. 終端記号列が出現するのは $N - F_2$ に属する記号がすべて
なくなったときだけである. したがって, $N(\Pi) = length(L(\Gamma))$ となる. □

　この定理から非コーポレーション型の計算能力は小さいことがわかった.
さらに, 膜の個数によらず同じ能力になるのは, せっかく膜計算という新し
い計算のモデルを考案した努力をむなしくさせる. そこで, コーポレーショ

ン型に期待するわけであるが，こちらはチューリング機械と同等＝計算万能性を持つことが示されている．しかしながら，膜の個数 1 でその能力があり，やはり膜の個数によらないというがっかりさせる結果になる．ともかく，その命題を証明しよう．

定理 3.4　すべての $1 \leq m$ について，$NOP_*(coo, tar) = NOP_m(coo, tar) = NRE$.

証明　証明すべきことは $NRE \subseteq NOP_1(coo, tar)$ だけである．$NOP_1(coo, tar) \subseteq NOP_m(coo, tar)$ は補題 3.1 で示されており，$NOP_m(coo, tar) \subseteq NRE$ はチャーチ・チューリングの提唱から成立する．NRE に属する集合は 1 文字アルファベット上の言語の長さ集合としてよい．この証明ではその言語は出現検査付きマトリクス文法で生成されるものとする．$G = (N, \{a\}, S, M, F)$ を任意の，終端アルファベットが $\{a\}$ である出現検査付きマトリクス文法とする．G は定義 2.7 で述べた Z バイナリ標準型である．位数 1 の P システム $\Pi = (O, [_1\ ]_1, w_1, R_1, 1)$ を次のとおり構成する．

$$O = N \cup \{H, H', H''\} \cup \{H_A \mid A \in N_2\}$$
$$w_1 = HX_{init}A_{init}$$

R_1 は次の規則よりなる．

1. すべてのマトリクス $(X \rightarrow Y, A \rightarrow x) \in M$ ただし，$x \neq \sharp$ について，$HXA \rightarrow HYx$ を構成する．

2. すべてのマトリクス $(X \rightarrow Y, A \rightarrow \sharp) \in M$ について，

$$HX \rightarrow H'H_AY$$
$$H_AA \rightarrow \sharp$$
$$\sharp \rightarrow \sharp$$
$$H' \rightarrow H''$$
$$H''H_A \rightarrow H$$

3. $HZ \rightarrow \lambda$

出現検査をしないマトリクスは 1 の規則で模倣できる．マトリクス $(X \rightarrow$

50 第3章 膜計算の可能性——オブジェクト書き換え型

$Y, A \to \sharp)$ は次のとおり模倣される. まず, $X \to Y$ が模擬され, Y に加えて H' と H_A ができる. もし, A が存在していると, 次のステップで規則 $H_A A \to \sharp$ により失敗記号 $\sharp$ が出現し, 計算は停止しない ($\sharp \to \sharp$ があるため). A が存在しなければ H_A はそのままで H' が H'' になる. この時点で規則 $H'' H_A \to H$ により H_A がなくなり, (模擬に必要な) H が元に戻る. 最後に Z が出現すると $HZ \to \lambda$ により H もろとも消去され, 終端記号 a だけが領域1に残る. 以上の構成により Π が停止するとき, およびそのときに限り G の導出を正しく模倣していることは明らかである. つまり, $N(\Pi) = length(L(G))$ が証明された. □

　基本モデルの計算能力については以上のとおりである. すでに述べたが, 若干期待はずれの結果である. しかし, 生物において膜の機能は基本モデルで抽象化した以上のものがある. 膜は分裂したり融合したり壊れたりする. 化学反応にも起こりやすい反応と起こりにくい反応があり, また反応阻害物質がある. 次の節では, これらを抽象化した機能を基本モデルに加え, 計算能力にどんな影響をもたらすか調べる.

3.3　膜の破壊と規則の優先順序

　この節では, 基本モデルに膜の破壊と規則の優先順序をつける拡張を行い, 計算能力について考察する. 拡張により確かに能力は上がり, さらに膜の個数による違いを示す結果が得られる. まず, 膜の破壊[3] を取り入れる. 〈定義 3.5：膜の破壊〉 破壊 (dissolving) は, 特別の記号 δ が出現したときに起きるとする. 詳しく言うと, δ は規則の右辺に $u \to v\delta$ の形で出現する. この規則が使われると, 規則のある領域を囲む膜が壊れ, 領域内のオブジェクトと入れ子になった膜はすぐ外側の領域に所属する (v も含む). 壊れた膜の領域内にあった規則はすべて失われる. 皮膜は決して破壊されない, ということは $u \to v\delta$ の形の規則は皮膜領域では適用できない.

　膜の破壊を取り入れると P システムの定義に若干の変更が必要になる. まず, 出力膜は基本膜でなくてもよくなる. 動作開始時に基本膜でなくて

---
3)　dissolving の直訳は溶解 (液体に溶け込むこと) になる. しかし, 実態としては破壊のほうが近いのでこうする.

も，その中にある膜がすべて破壊され，結果的に基本膜になることがある．そのような膜は出力膜になり得る．したがって，システムの定義式は $\Pi = (O, \mu, w_1, \ldots, w_m, R_1, \ldots, R_m, i_0)$ で，i_0 が基本膜でなくてもよいこと，R_i が膜の破壊規則を持っていてもよいことを除き前節と同じである．次に様相の変化も少し変更しなければならない．動作中に膜が消えていくことがあるので，様相はその時点での膜構造も示さなければならない．つまり，様相は $(k+1)$ 項組 $C = (\mu', w_{i_1}, \ldots, w_{i_k})$ となり，μ' は初期の膜構造から $i_1, \ldots, i_k$ 以外の膜が消えた，その時点での膜構造，w_{i_j} は領域 i_j が持つ多重集合である．この様相変化において膜のラベル（番号）は変わらないことに注意する．

　さて，実際に様相 $C_1 = (\mu', w'_{i_1}, \ldots, w'_{w_k})$, $C_2 = (\mu'', w''_{j_1}, \ldots, w''_{j_i})$ において，C_1 から C_2 に変化（$C_1 \Rightarrow C_2$ と書く）するのは，いくつかの膜の破壊により μ' が μ'' になり，通常の規則適用と膜の破壊によるオブジェクト移動により $w'_{i_1}, \ldots, w'_{i_k}$ から $w''_{j_1}, \ldots, w''_{j_i}$ が生じるときである．当然 $\{j_1, \ldots, j_l\} \subseteq \{i_1, \ldots, i_k\}$ かつ $l \le k$ である．ふたつ以上の膜が 1 ステップで壊れる場合を検討する．ある領域に δ が出現してその領域の膜が壊れ，領域の内容物が外の領域に行く．同じステップで外の領域でも δ が出現していたらどうなるか．外の膜も壊れて，すべての内容物はさらに外の領域に行く．皮膜は破壊されないから，この連鎖は確かに止まる．

　様相が変化しなくなったとき，システムは停止する．出力にはもうひとつ条件が付く．つまり，停止したとき，出力膜に指定された膜が基本膜になっていなければならない．そうでなければ出力はないことになる．〈定義 3.5 終わり〉

　次に規則の優先順序を取り入れたモデルを定義する．基本のモデルに優先順序を入れた形で定式化するが，膜の破壊と優先順序は互いに独立の概念であるから，両方を入れたモデルは単に足しあわせただけで定めることができる．この点についてはあとでまた触れる．

〈定義 3.6：規則の優先順序〉 **優先順序** (priority) は，規則の間の順序関係で表す．優先順序付き P システムは，

$$\Pi = (O, \mu, w_1, \ldots, w_m, (R_1, \rho_1), \ldots, (R_m, \rho_m), i_0)$$

52   第 3 章　膜計算の可能性——オブジェクト書き換え型

であり，O, μ, w_i $(i \in \{1, \ldots, m\})$, $i_0 \in \{1, \ldots, m\}$ は基本モデルと同じ，R_i は領域 i の規則の集合で ρ_i は R_i 上の順序関係である $(i \in \{1, \ldots, m\})$．R_i が膜の破壊規則も含み，i_0 が基本膜でなくてもよいとすれば，優先順序・膜の破壊付き P システムとなる．この順序関係は $(r_2, r_1) \in \rho_i$ かつ $r_1 \neq r_2$ のとき $r_1 < r_2$ と書く．

　優先順序付き規則の適用に当たって，非決定的極大方式で選択される規則 r_1 には，ほかに $r_1 < r_2$ となる適用可能な規則 r_2 が存在してはならないという条件が付く．この条件は，ある領域で適用可能な規則の集合（多重集合でなく）によって判定されることに注意する．たとえば，ある領域に規則 $r_1 : a \to c$ と $r_2 : aa \to bb$ が順序 $r_1 < r_2$ とともにあり，オブジェクト aaa があったとしよう．すると r_2 だけが適用され aaa が abb になる．r_2 を使った残りひとつの a に対しては r_1 が適用可能であるが，r_2 が「適用可能な規則の集合」にあるため，r_1 は全く使えないのである[4]．〈定義 3.6 終わり〉

　以上の定義の理解を助けるため，規則の優先順序・膜の破壊付きの例をふたつ紹介しよう．どちらも「計算する」実感がある．

〈例 3.2：2 乗の計算〉 $\Pi_1 = (O, \mu, w_1, w_2, w_3, (R_1, \rho_1), (R_2, \rho_2), (R_3, \rho_3), 1)$ を考える．それぞれの構成要素は，

$$O = \{a, b, c, d, e, f\}$$

$$\mu = [_1[_2[_3 \ ]_3]_2]_1$$

$$w_1 = \lambda,\ R_1 = \{d \to (d, out)\},\ \rho_1 = \emptyset$$

$$w_2 = \lambda,\ R_2 = \{b \to d, d \to de,\ r_1 : ff \to f, r_2 : f \to \delta\},$$

$$\rho_2 = \{(r_1, r_2)\}$$

$$w_3 = af,\ R_3 = \{a \to ab, a \to b\delta, f \to ff\},\ \rho_3 = \emptyset$$

Π_1 の初期様相を図 3.3 に示した．図では規則とその優先順序も表示してある．

　様相の変化は次のとおりである．初期多重集合は領域 3 だけ空でないか

---

[4]　abb になると，もはや r_2 は適用可能な規則ではないから r_1 が使われる．

3.3 膜の破壊と規則の優先順序

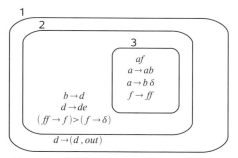

図 3.3 平方数 (n^2) を出力する P システム

ら，領域 3 で a と f が変化する．a に規則 $a \to b\delta$ を使うと膜 3 は破壊される．それまでは $a \to ab$ と $f \to ff$ により b は 1 ステップに 1 個ずつ，f は 1 ステップごとに 2 倍に数が増える．n ステップの間 b と f を増やし，$n+1$ ステップで膜を破壊すると，それまでに b が $n+1$ 個 f が 2^{n+1} になる（膜の破壊のときも b と f は増えることに注意）．膜の破壊後は領域 2 の規則が $b^{n+1} f^{2^{n+1}}$ に対して適用される．規則の優先順序により，f が 2 個以上ある間は $ff \to f$ が使われる．したがって，$ff \to f$ は $n+1$ ステップの間適用される．b は最初に $b \to d$ によりすべて d になり（d^{n+1} ができる）次からは 1 ステップごとに $n+1$ 個の e が作られる．$n+2$ ステップで $f \to \delta$ により膜 2 は壊れる．そのときも $n+1$ 個の e ができているから，膜 2 が壊れると $n+1$ の d と $(n+1)^2$ 個の e が領域 1 に行く．領域 1 では d はすべて外に捨てられ，$(n+1)^2$ の e が残ったところで停止する．結局，出力は $(n+1)^2$ であり，n は 0 以上（最初に領域 3 で $a \to b\delta$ を使ってもよい）なので，生成される集合は $N(\Pi_1) = \{n^2 \mid 1 \leq n\}$ となる．〈例 3.2 終わり〉

これまで考察してきたシステムは**生成装置** (generator) であった．つまり，ひとつの初期様相から出発して，動作が非決定的だから分岐して様々な出力が得られた．それらをひとつにまとめてひとつの集合を生成した．例 3.2 では初期様相は領域 3 に af があり，非決定的に膜を壊すことによってすべての正の整数 n について n^2 ができた．これを変更して，初期様相で領域 3 に $ab^n f_0$ があれば，停止したときは領域 1 に e^{n^2} が存在することになる規則を図 3.4 に示す．このシステムでは，はじめの $n+1$ ステップで b^n が b_1^n に

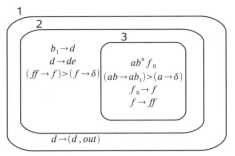

図 3.4　$f(n) = n^2$ を計算する P システム

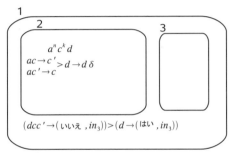

図 3.5　倍数かどうか判定する P システム

なり膜 3 が壊れる．と同時に f_0 が f^{2^n} になる．次の $n+1$ ステップで領域 2 において e が n^2 作られ，膜 2 が壊れる．こうすると $1 \leq n$ となるすべての n について $f(n) = n^2$ を計算する**変換装置** (transducer) となる．

計算の理論において重要な概念が**判定可能性** (decidability) である．与えられた入力がある性質を持つとき「はい」，持たないとき「いいえ」の答えを出すアルゴリズムがあるとき，その性質は判定可能と言い，そのアルゴリズム（抽象的システム）を判定装置と言う．次の例は倍数かどうか判定するPシステムである．つまり，入力としてふたつの自然数 n と k を取り，n が k の倍数のときは「はい」，そうでないときは「いいえ」を出力領域に出して停止する．

〈例 3.3：倍数判定〉図 3.5 に示したシステムを考える．要素を列挙すると下記のとおりである．

3.3 膜の破壊と規則の優先順序　55

$\Pi_2 = (O, \mu, \lambda, a^n c^k d, \lambda, (R_1, \rho_1), (R_2, \rho_2), (\emptyset, \emptyset), 3)$

$O = \{a, c, c', d, \text{はい}, \text{いいえ}\}$

$\mu = [_1[_2]_2[_3]_3]_1$

$R_1 = \{r_1 : dcc' \to (\text{いいえ}, in_3), r_2 : d \to (\text{はい}, in_3)\}, \rho_1 = \{(r_1, r_2)\}$

$R_2 = \{r_3 : ac \to c', r_4 : ac' \to c, r_5 : d \to d\delta\}, \rho_2 = \{(r_3, r_5), (r_4, r_5)\}$

　膜2では $ac \to c'$ と $ac' \to c$ が交互に c の数,つまり k ずつ適用されるから,1ステップごとに a が k ずつ減っていく.r_3, r_4 と規則を分け,プライム付きとプライムなしを交互に作る理由は次の段階で明らかになる.優先順序により,a がすべてなくなって初めて $d \to d\delta$ が適用され,膜2が壊れる.

　n が k の倍数ならば,膜2が壊れるとき c だけがあるか,c' だけがあるかのいずれかで,c と c' が混ざることはない.よって r_1 は適用されず,r_2 により「はい」が膜3に出現する.そうでないならば,c と c' が混ざって出現し r_1 が使われる.結果として「いいえ」が膜3に出現する.d はひとつしかないので,r_1 か r_2 をどちらかひとつ使うと停止する.したがって,正しい結果が得られることがわかる.

　図3.5のシステムでは $1 \le k$ でなければならない.初期様相で $k = 0$ つまり c がひとつもないといきなり $d \to d\delta$ が使われ,次は領域1で $d \to$ (はい, in_3) が適用される.そうするとどんな n も0の倍数という間違った結果になってしまう.これを直すには領域1の規則 r_2 をやめ,代わりに $r'_2 :$ $dc \to$ (はい, in_3) と $r''_2 : dc' \to$ (はい, in_3) を加え,優先順序を $\rho_1 = \{(r_1, r'_2),$ $(r_1, r''_2)\}$ とすればよい.そうすると「はい」が領域3に出現するのは c か c' が領域1にあるときだけとなる.さらに,$r_0 : d \to$ (0で割ろうしています, in_3) を最も低い順序で領域1に入れておくと,親切なエラーメッセージも出してくれる.〈例3.3 終わり〉

　拡張モデルの能力を評価する前に,それらが生成する集合族の記法を定める.

〈定義3.7:拡張モデルが生成する集合の族〉位数 m 以下で α 型規則 $(\alpha \in \{ncoo, coo\})$ と膜の破壊規則を使うPシステムが生成する集合の族を

$NOP_m(\alpha, tar, \delta)$, 位数 m 以下で優先順序付き α 型規則 ($\alpha \in \{ncoo, coo\}$) を使う P システムが生成する集合の族を $NOP_m(\alpha, tar, pri)$, 位数 m 以下で優先順序付き α 型規則 ($\alpha \in \{ncoo, coo\}$) と膜の破壊規則を使う P システムが生成する集合の族を $NOP_m(\alpha, tar, pri, \delta)$ と表す. 位数がすべての正の整数の場合を考えるときは m の代わりに $*$ を用いる.〈定義 3.7 終わり〉

次の定理は膜の破壊を取り入れると $ncoo$ 型の能力が向上することを述べる.

定理 3.5 $NEOL \subseteq NOP_2(ncoo, tar, \delta)$

証明 与えられた E0L システム $G = (V, T, w, R)$ から位数 2 の P システム,

$$\Pi = (V \cup \{d\}, [_1 [_2]_2]_1, \lambda, dw, R_1, R_2, 1)$$

を構成する. ただし,

$$R_1 = \{a \to a \mid a \in V - T\}$$
$$R_2 = \{d \to d, d \to \delta\} \cup R$$

である.

ここで, R_2 は R を包含し, G の初期列は初期様相において領域 2 にある. G では記号列, Π では多重集合が様相を構成しているが, 非コーポレーション型で記号の数だけ相手にするから, 記号列を多重集合と見なしてよい. さらに, 非決定的極大方式は, 非決定的並列書き換えと等価である. したがって, 領域 2 が存在する間中, Π は G の導出を模倣する. 領域 2 において $d \to d$ の代わりに (非決定的に) $d \to \delta$ が適用されると膜 2 は破壊され, すべてのオブジェクトは領域 1 に行く. そのとき, $V - T$ の要素が存在すると R_1 の規則により計算は停止しない. それゆえ Π の出力になるのは T の要素からなる多重集合だけである. □

膜がひとつだけのときは破壊されないので, この結果は位数 1 の場合には当てはまらない. つまり, $NOP_1(ncoo) = NOP_1(ncoo, \delta)$ である. 定理 3.3 と $NCF \subset NEOL$ より,

$$NOP_*(ncoo) = NOP_1(ncoo, \delta) = NCF \subset NOP_2(ncoo, tar, \delta)$$

が得られ，位数 2 以上では膜の破壊が生成能力を増加させることがわかる．

規則の優先順序はもっと大幅な能力増大をもたらす．

定理 3.6 $NETOL \subseteq NOP_1(ncoo, tar, pri)$

証明 2.6 節の最後で述べたとおり，どの ETOL 言語もふたつのテーブルを持つ ETOL システムで生成できるから，ETOL システム $G = (V, T, w, R_1, R_2)$ が生成する言語の長さ集合が，位数 1 の優先順序付き P システムで生成できることを示せばよい．$V' = \{a' \mid a \in V\}$ を V のすべての要素 a にプライムをつけた新しいアルファベットとする．h は $h(a) = a'$ $(a \in V)$ で定められる準同型とする．さらに，$d, d_1, d_2, d_3, \sharp$ を新しい記号とする．ETOL システムの規則 R_1, R_2 の要素にはそれぞれ $p_1, \ldots, p_u$ および $q_1, \ldots, q_v$ の名前が付いているとする $(R_1 = \{p_1, \ldots, p_u\}, R_2 = \{q_1, \ldots, q_v\})$．

以上の準備の下に位数 1 の P システム，

$$\Pi = (V \cup V' \cup \{d, d_1, d_2, d_3, \sharp\}, [_1 \ ]_1, dh(w), (R_1', \rho_1), 1)$$

を構成する．ここで，

$$R_1' = \{r_1, r_2, r_3, r_1', r_2', r_3', r_\infty\} \cup \{p_i' \mid p_i \in R_1\} \cup \{q_i' \mid q_i \in R_2\} \cup \{r_a \mid a \in V\}$$

ただし，

$$r_1 : d \to d_1, \ r_2 : d \to d_2, \ r_3 : d \to d_3$$
$$r_1' : d_1 \to d, \ r_2' : d_2 \to d, \ r_3' : d_3 \to (d, out)$$
$$r_\infty : \sharp \to \sharp$$
$$p_i' : a' \to h(x) \ \text{ここで，} \ p_i : a \to x \in R_1 \ \text{とする}$$
$$q_i' : a' \to h(x) \ \text{ここで，} \ q_i : a \to x \in R_2 \ \text{とする}$$
$$r_a : a \to \begin{cases} a & a \in T \text{ のとき} \\ \sharp & a \in V - T \text{ のとき} \end{cases}$$

および ρ は，

$$r_1 > p_i', r_2 > p_i', r_3 > p_i',\ \text{ここで}\ 1 \le i \le u$$

$$r_1 > q_i', r_2 > q_i', r_3 > q_i',\ \text{ここで}\ 1 \le i \le v$$

$$r_1 > r_a, r_2 > r_a, r_1' > r_a, r_2' > r_a,\ \text{ここで}\ a \in V$$

$$r_1' > q_i',\ \text{ここで}\ 1 \le i \le v$$

$$r_2' > p_i',\ \text{ここで}\ 1 \le i \le u$$

$$r_3' > p_i',\ \text{ここで}\ 1 \le i \le u$$

$$r_3' > q_i',\ \text{ここで}\ 1 \le i \le v$$

により定められる.

初期様相 $dh(w)$ に対して,優先順序により適用可能な規則は r_1, r_2, r_3 のいずれかである.どの規則を使っても d だけが変化する.r_1(または r_2)が使われると d が d_1(または d_2)になり,次は r_1' と p_i'($1 \le i \le u$)(または r_2' と q_i'($1 \le i \le v$))が適用される.その結果,R_1(R_2)が模倣され,d と V' の要素からなる多重集合ができる.以上の議論は一般の $dh(z)$ ($z \in V^*$) について成り立つ.つまり,r_3 が使われるまでは R_1 と R_2 が模倣される.

$dh(z)$ に r_3 を用いると $d_3 h(z)$ となり,次に適用可能な規則は r_3' と r_a ($a \in V$) となる.この時点で z が T の要素だけからなるときは停止する.そうでなければ($V - T$ の要素が z 中にあれば)失敗記号 $\sharp$ が出現して停止しない.以上により,Π は G において T^* の要素を作る導出だけ Π は出力とすることがわかる. □

証明は長くなるので省略するが,$NOP_*(ncoo, tar, \delta) \subseteq NET0L$ であり,この結果とあわせれば $NOP_*(ncoo, tar, \delta) \subseteq NOP_1(ncoo, tar, pri)$ となる.言い換えると規則の優先順序は,非コーポレーション型の場合,膜の個数を増やし,かつ膜の破壊を認めることと同等かそれ以上の能力を持つことがわかる.$NOP_*(ncoo, tar, pri)$ あるいは $NOP_*(ncoo, tar, pri, \delta)$ の能力の上限についてはわかっていない.

$NOP_*(coo, tar, \delta)$, $NOP_*(coo, tar, pri)$, $NOP_*(coo, tar, pri, \delta)$ は,いずれも定義の包含性から NRE になる.

この章で紹介した結果は主に文献 [17] から引用し,その後の進展を取り

入れて修正した.

ここでは一番古い P システムであるオブジェクト書き換え型を紹介した. 多様な結果が得られているが, いまいち意外性, インパクトに欠ける. というのも, 次の章以降で紹介するほかのタイプが実に豊かな結果をもたらすからである.

第4章 膜計算の可能性——輸送型Pシステム

この章では膜を通してのオブジェクトの輸送だけを規則として持つ型のPシステムを考察する．オブジェクトは膜を透過してほかの領域へ移動するだけで変化しない．するとオブジェクトの総数が増えないので，特定のオブジェクトは外界に任意に存在して，いくらでも領域内に導入できるとする．この設定は生体膜に特有の機能を巧妙に抽象化したと言え，膜がただひとつのシステムであっても「膜計算」の名に値する．輸送型Pシステムの様々なタイプと，それらの計算能力を紹介する．

4.1 輸送型Pシステム

細胞膜を通しての分子の輸送には，特定の分子がいくつか組になったときだけ可能になる輸送，たとえば，ある分子がほかの分子を「運んであげる」ことがある．また，膜の一方の側にある分子（の組），他方の側に別の分子（の組）があるときだけ，それらが交換される現象がある．ここでは，前者を共輸送，後者を交換輸送と名付ける．共輸送は symport，交換輸送は antiport の訳である．

〈定義 4.1：共輸送・交換輸送〉O をオブジェクトの集合，u, v を O の上の空でない多重集合とする．(u, in) および (u, out) を**共輸送** (symport) と呼び，$(u, out; v, in)$ を**交換輸送** (antiport) と呼ぶ．共輸送 (u, in) あるいは (u, out) の**重み** (weight) は $|u|$ である．交換輸送 $(u, out; v, in)$ の重みは $\max(|u|, |v|)$ であ

62　第4章　膜計算の可能性——輸送型Pシステム

る．交換輸送については，それに関わるオブジェクトの総数 $|u| + |v|$ をその**大きさ** (size) と言う．重みの最小は 1, 大きさの最小は 2 であることに注意する．〈定義 4.1 終わり〉

　共輸送 / 交換輸送は膜に付随する性質だから，それらだけを規則として持つ P システムでは必然的に（領域ではなく）膜が規則を持つ．また，システム中のオブジェクトの総数を増やすために，あるオブジェクトは外界からいくらでも導入できるとしなければならない[1]．以上の設定に加えて，下の定義では，システム構成の自由度を上げるために，特定のオブジェクトだけを出力として考慮する設定（終端オブジェクトあり）を取り入れている．

〈定義 4.2：輸送型 P システム〉位数 m の**輸送型 P システム**（communication P system あるいは P system with symport and/or antiport rules, この章では単に P システムと呼ぶ）は $2m + 5$ 項組，

$$\Pi = (O, T, E, \mu, w_1, \ldots, w_m, R_1, \ldots, R_m, i_0)$$

である．ここで，

1. O はオブジェクトからなるアルファベット．
2. $T \subseteq O$ は終端オブジェクトの集合．
3. $E \subseteq O$ は外界から任意数導入できるオブジェクトの集合．
4. μ は m 個の膜からなる膜構造で，膜には 1 から m までの番号が付いている．
5. w_i $(1 \leq i \leq m)$ は領域 i（膜 i で囲まれた領域）が持つ初期多重集合．
6. R_i $(1 \leq i \leq m)$ は膜 i が持つ共輸送あるいは交換輸送の規則からなる集合．
7. i_0 $(i_0 \in \{1, \ldots, m\})$ は出力の領域を示す．

　膜 i が持つ共輸送規則 (u, in) は i の外の領域にある多重集合 x が $u \subseteq x$ のとき適用可能で，実際に使われると外の領域は $x - u$ となり，領域 i に u が加わる．(u, out) は領域 i の多重集合 y が $u \subseteq y$ のとき適用可能で，使われると領域 i は $y - u$ となり，外の領域に u が加わる．交換輸送規則 $(u, out; v, in)$

---

1)　理想的な状態では，ブドウ糖，各種ミネラル，リン酸イオンなどは「培養液」にいくらでも存在するから，細胞は自由に取り込むことができる．といった生理的状況に相当する．

は外と内の領域の多重集合をそれぞれ x, y とすると，$v \subseteq x$ かつ $u \subseteq y$ のとき適用可能で，使われたあとは外と内の領域の多重集合はそれぞれ $x - v + u$ と $y - u + v$ になる．ただし，i が皮膜のときは (u, in) における u は $O - E$ に属するオブジェクトを少なくともひとつ持たなければならない．u が E の上の多重集合だと，(u, in) が何回でも使え，止まらなくなるからこの条件が付いている．$O - E$ に属するオブジェクトが皮膜の外に出ると外界にそのままとどまり，将来の (u, in) または $(u, out; v, in)$ の規則により皮膜内に戻ることもある．

領域 1 から m が持つ多重集合の組が Π の様相である．初期様相 $(w_1, \ldots, w_m)$ から出発して，それぞれの膜の規則を非決定的極大方式で適用し，様相が変化する．どの膜においてもひとつも規則を適用できなくなったときにシステムは停止する．停止したとき i_0 が囲む領域中の多重集合 w'_{i_0} のうち，T に属するオブジェクトの総数，あるいは $T = \{a_1, \ldots, a_k\}$ としてベクトル $(w'_{i_0}(a_1), \ldots, w'_{i_0}(a_k))$ を Π の出力とする[2]．前者の出力を集めた集合（自然数の集合）を $N(\Pi)$，後者の出力を集めた集合（自然数からなるベクトルの集合）を $P_s(\Pi)$ と表す．〈定義 4.2 終わり〉

位数 m 以下で重み k 以下の共輸送規則だけを使う P システムが生成する数の集合の族（ベクトルの集合の族）を $NO_E P_m(sym_k)$ $(P_s O_E P_m(sym_k))$ で表す．重み k 以下で大きさ s 以下の交換輸送規則だけを使う P システムを考えるときは sym_k の代わりに $anti_k^s$ とする．共輸送規則と交換輸送規則の両方がある P システムのときは（共輸送規則の重みが k 以下，交換輸送規則の重みが k' 以下で大きさが s 以下とする），$XO_E P_m(anti_{k'}^s, sym_k)$ とする．ここで X は数かベクトルかに応じて N か P_s である．さらにオブジェクトの総数が n 以下のシステムだけに限定するときは E の代わりに n を付ける．終端アルファベットを区別しないとき $(O = T)$ は E を付けない．慣習により，$m, k (k'), s$ を限定しないときはそれぞれ $*$ に置き換える．

では，簡単な例を見てみよう．

〈例 4.1：輸送型 P システムの例〉位数 2 のシステム，

---

2) このベクトルは w'_{i_0} 中の $a_1, \ldots, a_k$ の個数を並べたものである．

$$\Pi = (\{a, b\}, \{b\}, \{b\}, [_1 [_2]_2]_1, a, \lambda, R_1, R_2, 2)$$

を考える. ここで, $R_1 = \{(a, out), (abb, in)\}$, $R_2 = \{(a, in), (bb, in)\}$ である. a の数は常に 1 個であり, 膜 1 で規則 (a, out) が使われると次に (abb, in) で領域 1 に戻る. その次に, b は領域 1 から 2 へ規則 (bb, in) で移る. a が領域 1 にあるときに, 膜 2 の規則 (a, in) が使われると a は領域 2 に行き, 適用可能な規則はなくなる. 領域 2 の b の数は 2 ずつ増えるから, 停止したときの領域 2 の b の数は負でない偶数である (一番最初に (a, in) を使うと b の数は 0). 結局 $N(\Pi) = \{2n \mid 0 \le n\}$ となる. したがって, 負でない偶数の集合は $NO_2P_2(sym_3)$ に属する. 〈例 4.1 終わり〉

膜の数とオブジェクトの数をともに 1 に限定すると有限集合しか生成できない.

命題 4.1 $NO_1P_1(anti_*, sym_*) = NFIN$

証明 位数 1 でオブジェクトの数 1 の P システム $\Pi = (\{a\}, \{a\}, E, [_1]_1, w, R, 1)$ を考える. $E = \emptyset$ ならばオブジェクトは増えないから, 明らかに有限集合しか生成できない. $E = \{a\}$ のときは共輸送規則 (a^i, in) が使えない. 交換輸送規則 $(a^i, out; a^j, in)$ については $i \le j$ ならばこの規則を何回でも適用でき, 停止しない. $j < i$ ならば領域内の a の数は増加しないから有限集合しか生成できない. 以上により $NO_1P_1(anti_*, sym_*) \subseteq NFIN$ が示された.

次に $F = \{i_1, \ldots, i_k\}$ を任意の自然数からなる有限集合とする. $i_1 < i_2 < \cdots < i_k$ と仮定してよい. P システム $\Pi = (\{a\}, \{a\}, \{a\}, [_1]_1, a^{i_k+1}, R, 1)$ を構成する. ここで,

$$R = \{(a^{i_k+1}, out; a^j, in) \mid j \in \{i_1, \ldots, i_k\}\}$$

である. 最初のステップで F に属するある j について a^j が領域に入り停止する. よって, $N(\Pi) = F$ である. $\qquad\square$

この結果は共輸送 / 交換輸送型 P システムの中で一番「弱い」部分を示している. 次の節では一番「強い」ところを見ていこう.

4.2 計算万能性，規則の重み，大きさ最小で

オブジェクトの数が生成する集合に応じて増えてもよく，重み 2，大きさ 3 の交換輸送規則が使えると膜の数 1 で計算可能な集合はどれでも生成できる．

定理 4.2 $NO_EP_1(anti_2^3) = NRE$

証明 例によって $NRE \subseteq NO_EP_1(anti_2^3)$ だけ証明する（逆方向はチャーチ・チューリングの提唱による）．

$M = (3, H, l_0, l_h, I)$ を決定性レジスタ機械とする．M が受理する集合を生成する P システム $\Pi = (O, T, O, [_1\ ]_1, l_I, R_1, 1)$ を次のとおり構成する．

$$O = \{p, p', p'', \tilde{p}, \bar{p} \mid p \in H\} \cup \{A_i \mid 1 \le i \le 3\} \cup \{l_I, l_{b_1}, b_1\}$$

$$T = \{b_1\}$$

$$R_1 = R_{1,I} \cup R_{1,A} \cup R_{1,S}$$

$$R_{1,I} = \{(l_I, out; A_1 l_{b_1}, in), (l_{b_1}, out; b_1 l_I, in), (l_I, out; l_0, in)\}$$

$$R_{1,A} = \{(p, out; A_r q, in) \mid p : (\text{ADD}(r), q, q) \in I\}$$

$$R_{1,S} = \{(p, out; p' p'', in), (p'' A_r, out; \bar{p}, in), (p', out; \tilde{p}, in), (\tilde{p}\bar{p}, out; q, in),$$

$$(\tilde{p}p'', out; s, in) \mid p : (\text{SUB}(r), q, s) \in I\}$$

この構成では，レジスタ r の内容はオブジェクト A_r の個数として表現される．規則 $(l_I, out; A_1 l_{b_1}, in)$ と $(l_{b_1}, out; b_1 l_I, in)$ を任意回使うことにより，任意の数の b_1 と A_1 を領域 1 に取り込むことができる（b_1 と A_1 は同数存在する）．最後に $(l_I, out; l_0, in)$ を適用すると取り込みは終了し，レジスタ機械の模倣に移る．模倣では，それまで取り込んだ A_1 の数が M によって受理される数かどうか検証する．加算の命令 $p : (\text{ADD}(r), q, q)$ は $(p, out; q A_r, in)$ によって模倣される（規則の集合 $R_{1,A}$）．減算の命令 $p : (\text{SUB}(r), q, s)$ は $R_{1,S}$ に属する規則により模倣される．まず，$(p, out; p' p'', in)$ が適用される．次に，レジスタ r の値が 0 のときは $(p', out; \tilde{p}, in)$ だけが適用される．r の値が正のときは $(p', out; \tilde{p}, in)$ に加えて $(p'' A_r, out; \bar{p}, in)$ も適用される．その結果，0 のときは $p'' \tilde{p}$，正のときは $\tilde{p}\bar{p}$ が領域 1 に残る．次のステップで，前者は

66   第4章　膜計算の可能性——輸送型 P システム

$(p''\bar{p}, out; s, in)$ により s になり，後者は $(\tilde{p}\bar{p}, out; q, in)$ により q になる．これ
で減算命令が正しく模倣されることが示された．レジスタ機械の停止ラベ
ル l_h が出現すると，領域1には最初に取り込んだ b_1（入力に相当する）と
l_h が残る．よって，M が受理する入力を Π は出力することができる．　□

　最後に残る l_h を共輸送規則 (l_h, out) により外界に出すと，停止したときに
残るオブジェクトは b_1 だけになる．すると終端アルファベットを区別しな
くても上の証明で構成したシステムと同じ出力を生成できる．よって，次の
系が成立する．

系 4.3　$NOP_1(anti_2^3, sym_1) = NRE$

　ベクトルの集合についても同様の結果が得られる．

系 4.4　$PsO_E P_1(anti_2^3) = PsRE$

証明　k 成分のベクトルの集合 $\{(x_1, \ldots, x_k) \mid x_i \in \mathbb{N}, 1 \le i \le k\}$ を受理する決
定性レジスタ機械 $M = (k+2, H, l_0, l_h, I)$ を模倣する P システム $\Pi = (O, T, O,$
$[_1\ ]_1, l_1, R_1, 1)$ を構成する．M のレジスタ1から k にはそれぞれベクトルの第
1から第 k 成分が初期値として入っており，M が停止ラベル l_h に至るとそ
の初期ベクトルを受理する．Π は定理4.2の構成と基本的に同じであるが，
$O, T, R_{1,I}$ は次のとおり変更する．

$$T = \{b_i \mid 1 \le i \le k\}$$

$$O = \{p, p', p'', \tilde{p}, \bar{p} \mid p \in H\} \cup \{A_i \mid 1 \le i \le k+2\} \cup \{l_I\} \cup \{l_{b_i} \mid 1 \le i \le k\} \cup T$$

$$R_{1,I} = \{(l_I, out; A_i l_{b_i}, in), (l_{b_i}, out; b_i l_I, in) \mid 1 \le i \le k\} \cup \{(l_I, out; l_0, in)\}$$

$R_{1,I}$ によりレジスタ i $(1 \le i \le k)$ に A_i と b_i を同数ずつ設定できる．規則
$(l_I, out; l_0, in)$ で l_0 が入ると，それまでに設定された A_i $(1 \le i \le k)$ を初期値と
した M の模倣が始まる．模倣については定理4.2の証明と同じである．　□

　定理4.2と系4.4は，交換輸送規則だけを用いて計算万能性を持つ最小の
大きさは3であることを示している．なぜなら，大きさ2の交換輸送規則
は $(a, out; b, in)$ の形であり，a, b はともにひとつのオブジェクトだから，こ
の形の規則だけではオブジェクトの数を増やすことはできない．

　次に共輸送規則だけを持つ P システムで計算万能性を持つものを考察し
よう．次の定理により重み3の共輸送規則で十分である．

4.2 計算万能性，規則の重み，大きさ最小で 67

定理 4.5 $PsO_EP_1(sym_3) = PsRE$

証明 任意の $L \in PsRE$（ただし L は k 次元ベクトルの集合）と $Ps(M) = L$ である決定性レジスタ機械 $M = (k + 2, H, l_0, l_h, I)$ を考える．P システム $\Pi = (O, T, E, [_1 \ ]_1, w_1, R_1, 1)$ を次のとおり構成する．

$$O = \{p, p', \tilde{p}, \tilde{p}', \tilde{p}'', \bar{p}, \bar{p}', \bar{p}'', Z_p \mid p \in H\} \cup \{A_i \mid 1 \leq i \leq k + 2\} \cup$$
$$\{X, l_I, l_I'\} \cup T$$

$$T = \{b_i \mid 1 \leq i \leq k\}$$

$$E = O - (\{X, l_I, l_I'\} \cup \{p', \tilde{p}', \bar{p}', Z_p \mid p \in H\})$$

$$w_1(x) = \begin{cases} 1 & x \in \{X, l_I, l_I'\} \cup \{p', \tilde{p}', \bar{p}', Z_p \mid p \in H\} \\ 0 & \text{それ以外} \end{cases}$$

$$R_1 = R_{1,I} \cup R_{1,A} \cup R_{1,S}$$

$$R_{1,I} = \{(l_I l_I' X, out), (l_0 l_I' X, in), (l_I X, in)\} \cup \{(l_I' A_i b_i, in) \mid 1 \leq i \leq k\}$$

$$R_{1,A} = \{(pp', out), (A_r p' q, in) \mid p : (\text{ADD}(r), q, q) \in I\}$$

$$R_{1,S} = \{(pp', out), (p'\tilde{p}\bar{p}, in), (\bar{p}\bar{p}'A_r, out), (\bar{p}'\bar{p}'', in), (\tilde{p}\tilde{p}', out)$$
$$(\tilde{p}'\tilde{p}'', in), (\bar{p}''\tilde{p}''Z_q, out), (\bar{p}\bar{p}''Z_s, out) \mid p : (\text{SUB}(r), q, s) \in I\} \cup$$
$$\{(Z_p p, in) \mid p \in H\}$$

初期多重集合 w_1 は記述の都合により関数の形で示してある．わかりやすく記せば，w_1 は O の中で E に属さないオブジェクトをそれぞれ 1 個ずつ持っている．

$R_{1,I}$ に属する規則 $(l_I l_I' X, out)$, $(l_I X, in)$, $(l_I' A_i b_i, in)$ を使うことにより，A_i と b_i を同じ数ずつ任意に皮膜領域に導入できる．$(l_I l_I' X, out)$ と $(l_0 l_I' X, in)$ をこの順で使うと M を模倣する段階に進む．加算命令 $p : (\text{ADD}(r), q, q) \in I$ の模倣は規則 (pp', out) と $(A_r p' q, in)$ により行われる．規則の部分集合 $R_{1,S}$ は減算命令 $p : (\text{SUB}(r), q, s)$ の模倣を担当する．模倣は次のとおり進む．まず pp' が外に出て，次に $p'\tilde{p}\bar{p}$ が皮膜に戻る．レジスタ r が 0 でない，つまり A_r が皮膜領域に存在すれば，$\bar{p}\bar{p}'A_r$ が外，$\bar{p}'\bar{p}''$ が内，$\tilde{p}\tilde{p}'$ が外，$\tilde{p}'\tilde{p}''$ が内と移動し，最後に $(\bar{p}''\tilde{p}''Z_q, out)$ と $(Z_q q, in)$ により減算できたときの次の

68   第 4 章　膜計算の可能性——輸送型 P システム

命令ラベル q が導入される．A_r が皮膜領域に存在しなければ $\bar{p}$ は皮膜領域に残り，$\bar{p}''$ が中に入ることはないので，規則 $(\bar{p}\bar{p}''Z_s, out)$ と $(Z_s s, in)$ により減算できなかったときの次の命令ラベル s が導入される．停止ラベル l_h が出現すると計算は止まり，最初に作った $b_i\ (1 \leq i \leq k)$ に加えて w_1 から l_l を除いて l_h が入った多重集合が残る．終端記号は $b_i\ (1 \leq i \leq k)$ だけだから M が受理するベクトルに対応する多重集合だけ生成することが示された．　　□

　　数の集合については，1 次元のベクトルの集合と同じことだから，次の系が成立する．

系 4.6　$NO_E P_1(sym_3) = NRE$

　　この節で証明した定理 4.2 や定理 4.5 では，模倣しようとするレジスタ機械の命令ラベルに対応した記号（オブジェクト，それもひとつのラベルに何種類も）を作っていた．一般にレジスタ機械の命令ラベルは大変に多くなる（機械語プログラムの行数が増えるのと同じ）ので，構成された P システムのオブジェクト数も，有限ではあるが大変大きな数になる．オブジェクト＝分子であったから，分子種が不足する心配もある．そこで次の節では，オブジェクトの数が模倣しようとするレジスタ機械のレジスタ数にだけ依存する P システムを構成する．

4.3　計算万能性，オブジェクト数最小化

　　この節では，輸送型 P システムでオブジェクトの数がなるべく少なく，かつ計算万能性を持つクラスについて検討しよう．模倣しようとするレジスタ機械のラベルをそのままオブジェクトにすると，オブジェクト数が増える．そこで，この節では，ラベル用のオブジェクトはひとつだけにし，その個数で異なるラベルを表す構成法を採用する．

定理 4.7　d 個のレジスタを持つ非決定性レジスタ機械を模倣する，膜の数 1 でオブジェクト数 $d + 2$ の P システムが存在する．

証明　レジスタ機械 $M = (d, H, l_0, l_h, I)$ を考える．命令ラベルの集合 H は構成の都合上，次の条件を満たしているとする．

1. H は正の整数からなる集合．

2. $l_0 = 1$

3. ADD, SUB 命令のラベルは $3i - 2$ $(1 \leq i < t)$ t は命令の数によって決まる整数.

4. $l_h = 3t - 2$

番号を付け替えるだけだから，任意のレジスタ機械をこの条件を満たすように変形できる．最大のラベルは $3t - 2$ であるが，それ以下でもラベルとして使われない整数があることに注意する．これから次の P システム $\Pi = (O, T, O, [_1\ ]_1, w_1, R_1, 1)$ を構成する．ここで，

$$O = \{a_i \mid 1 \leq i \leq d\} \cup \{p, q\}$$

$$T = \{a_i \mid 1 \leq i \leq d\}$$

$$w_1 = a_1^{i_1} \cdots a_d^{i_d} p^{c(l_0)}$$

ただし $i_1, \ldots, i_d$ は，それぞれレジスタ 1 から d の初期値，$c(l_0)$ は初期ラベルを表現するための数であり，次の段落で述べられる．オブジェクトのうち，a_1 から a_d はレジスタの内容を表すために用いられ，p と q は命令のラベルを符号化するために用いられる．q はまた，失敗記号にもなる．規則の集合 R_1 については複雑になるので，以下に詳述する．

模倣に当たって一番重要になるのは，M の命令ラベルを符号化する関数 $c : H \to \mathbb{N}$ である．P システムでは，ラベル x は $p^{c(x)}$ として表現される．ここで，

$$c(x) = gx + 3tg$$

ただし $g = 8(d + 2)$ とおく．そうすると，

$$c(i) + c(j) = g(i + j) + 6tg > 6tg = c(3t)$$

かつ，

$$c(i + 1) - c(i) = g = 8(d + 2)$$

であることに注意する．これらの式はレジスタ機械の模倣が正しく行われる

70　第4章　膜計算の可能性——輸送型Pシステム

ことを示すのに重要な役割を果たす．初期ラベルは $p^{c(l_0)} = p^{g(3t+1)}$ となる．

レジスタ機械の模倣は非決定的に行われ，正しくない選択をすると失敗とする．失敗するとPシステムの動作は停止しない．そのために規則，

$$(q^f, out; q^{2f}, in)$$

を R_1 に入れておく．ここで $f = (c(3t))^2 = (6gt)^2$ である．この f の値はほかの規則と干渉しないように選ばれている．

それでは R_1 に属する規則をすべて書き出そう．次の式で $h = \frac{g}{2}$ である．

$$R_1 = \{(p^{c(l_1)}, out; p^{c(l_2)}a_r, in), (p^{c(l_1)}, out; p^{c(l_3)}a_r, in) \mid l_1 : (\mathrm{ADD}(r), l_2, l_3) \in I\}$$

$$\cup \{(p^{c(l_1)}a_r, out; p^{c(l_2)}, in), (p^{c(l_1)}, out; p^{c(l_1+1)}p^r q^{h-r}, in),$$

$$(p^{c(l_1+1)}, out; p^{c(l_1+2)}, in), (p^r q^{h-r}a_r, out; q^{2f}, in),$$

$$(p^{c(l_1+2)}p^r q^{h-r}, out; p^{c(l_3)}; in) \mid l_1 : (\mathrm{SUB}(r), l_2, l_3) \in I\}$$

$$\cup \{(p^{c(l_h)}, \mathrm{out}), (p^h, out; q^{2f}, in), (q^f, out; q^{2f}, in)\}$$

模倣の詳細は次のとおり．

加算の命令 $l_1 : (\mathrm{ADD}(r), l_2, l_3)$ の模倣は規則 $(p^{c(l_1)}, out; p^{c(l_2)}a_r, in)$ と $(p^{c(l_1)}, out; p^{c(l_3)}a_r, in)$ により行われる．l_2 と l_3 の非決定的選択は，このふたつの規則が非決定的に選ばれることにより模倣される．ふたつの加算命令のラベル l_i, l_j についてそれらに対応する規則を<u>同時に</u>使うには，$c(l_i) + c(l_j) > 6gt$ 以上の p がなくてはならない．p の数は $c(l_h) = g(6t-2)$ 以下だから，それは不可能である．また，$l' < l_1$ となるラベル l' について $p^{c(l')}$ を外に出す規則がある．その規則を間違えて使おうとすると，$c(l_1) - c(l') = g(l_1 - l') > h$ の p が余る．規則は非決定的極大方式で選択されるから，余った $p^{g(l_1-l')}$ について $(p^h, out; q^{2f}, in)$ が使われて失敗になる．よって，ラベルに正しく対応した規則が選ばれたとき（このときは p は余らない）だけ，模倣が進む．

減算の命令 $l_1 : (\mathrm{SUB}(r), l_2, l_3)$ について考察しよう．レジスタ r が正で減算できるときは $(p^{c(l_1)}a_r, out; p^{c(l_2)}, in)$ により模倣できる．ほかのラベルの命令に対応した規則を使うと失敗になるのは加算のときと同様である．$r = 0$ で減算できないときは $(p^{c(l_1)}, out; p^{c(l_1+1)}p^r q^{h-r}, in)$ が使われ，次に $(p^{c(l_1+1)},$

$out; p^{c(l_1+2)}, in)$ が使われる．$r \leq d < h$ かつ $h - r < h$ だから失敗規則が同時に使われることはない．最後に，$(p^{c(l_1+2)} p^r q^{h-r}, out; p^{c(l_3)}, in)$ により減算できないときの次の命令ラベルが導入される．減算できるのに（a_r が存在するのに）$(p^{c(l_1)}, out; p^{c(l_1+1)} p^r q^{h-r}, in)$ が使われると $(p^r q^{h-r} a_r, out; q^{2f}, in)$ により失敗する．

失敗の規則 $(p^h, out; q^{2f}, in)$，$(p^r q^{h-r} a_r, out; q^{2f}, in)$ を使ったあと，p が残っていることがある．すると $(p^{c(l_1+2)} p^r q^{h-r}, out; p^{c(l_3)}, in)$ の形の規則（規則 (A) とする）を同時にいくつか使うことにより q がなくなってしまう，つまり失敗でなくなる心配がある．それは起こりえないことを確認する．l_h が最大のラベルであるから，残る p の数は $c(l_h) = g(6t-2)$ 以下である．最小のラベルは l_0 だから，規則 (A) で外に出る p の数の最小は $c(l_0+2)+r = 3g(t+1)+1$ である．よって規則 (A) を同時に使える数は，

$$\frac{g(6t-2)}{3g(t+1)+1} < 2$$

となり，外に出る q の数は h である．q は $2f = 2(6gt)^2$ 個も失敗規則により導入されているので，"失敗維持規則" $(q^f, out; q^{2f}, in)$ を使うのに十分なだけあり，失敗が "リカバリ" されることはあり得ない．

終了ラベル l_h が出現したとき $(p^{c(l_h)}, out)$ を使えば計算は終了し，終端記号 $a_1, \ldots, a_d$ だけが残る．それらの個数はレジスタ機械が停止したときのレジスタ 1 から d に格納されている値にそれぞれ対応する．ほかのラベルに対応する規則を使うと失敗になる．

以上により，Π は失敗しなければ M を正しく模倣するし，停止する Π の計算はすべて M の計算に対応していることが示された． $\qquad\square$

以上の証明で使われた共輸送規則はひとつだけであった．これを交換輸送規則 $(p^{c(l_h)}, out; p, in)$ で置き換えると交換輸送規則のみの P システムになる（p が 1 個では，ほかのどの規則も使えないことに注意する）．

レジスタ機械は，入力あるいは出力に使う k 個のレジスタ以外に 2 個のレジスタがあれば万能性を持つ，つまり任意の帰納的可算な数の集合（$k = 1$ のとき）あるいはベクトルの集合（ベクトルの次元が k）を生成（あるいは受理）できることがわかっているから，次の系を得る．

系 4.8　$NO_5P_1(anti_*, sym_*) = NO_5P_1(anti_*) = NRE$, k 次元ベクトルについては $PsO_{k+4}P_1(anti_*, sym_*) = PsO_{k+4}P_1(anti_*) = PsRE$

　定理 4.7 を一般化して複数の膜がある P システムでレジスタ機械を模倣すると，記号の数をより少なくできる．それを示すのが次の定理である．証明は基本的に定理 4.7 と同じ方針であるが非常に煩雑かつ長くなる．したがって，定理 4.7 との相違点を中心に概略のみにする．

定理 4.9　mn 個のレジスタを持つレジスタ機械を模倣する，膜の数 m でオブジェクト数 $n + 2$ の P システムが存在する．

証明の概略　レジスタ機械 $M = (mn, H, l_0, l_h, I)$ を模倣する P システムを構成する．命令ラベルの集合 $H \subset \mathbb{N}$ は次の性質を満たすと仮定する．

1. $l_0 = 1$
2. ADD, SUB 命令のラベルは $6i - 5$ $(1 \leq i \leq t)$
3. $l_h = 6t + 5$

　P システム $\Pi = (O, T, O, \mu, w_1, \ldots, w_m, R_1, \ldots, R_m)$ を構成する．まず，$\mu = [_1[_2]_2 \cdots [_m]_m]_1$ であり，M のレジスタ $j + (i - 1)n$ $(1 \leq j \leq n, 1 \leq i \leq m)$ の値は領域 i にある a_j の個数で表す．Π の出力は停止したときのすべての領域にある a_j の個数をこの解釈によりレジスタの値とする．終端オブジェクトの集合は，これにより $T = \{a_j \mid 1 \leq j \leq n\}$ となり，$O = \{p, q\} \cup T$ となる．命令ラベルの符号化関数は，

$$c(x) = g(x + 6t - 4)$$

ただし $g = 24mn + 2$ とする．初期多重集合は $w_0 = p^{c(l_0)} = p^{g(6t-3)}$, $w_i = \lambda$ $(2 \leq i \leq m)$ とする．後ほどの規則の定義で $h = \frac{g}{2}$ を用いる．

　失敗維持規則は $f = 2g(6t - 4)$ として $(q^f, out; q^{3f}, in)$ である．

　加算の命令 $l_1 : (ADD(r), l_2, l_3)$ について，$1 \leq r \leq n$ のときは R_1 に属する規則 $(p^{c(l_1)}, out; p^{c(l_2)}a_r, in)$ と $(p^{c(l_1)}, out; p^{c(l_3)}a_r, in)$ で模倣できる．$n < r$ のときは領域 $2, \ldots, m$ のどれかにオブジェクトを送るため，別の規則が必要になる．n より大きい r を $r = s + (s' - 1)n$, ただし $1 \leq s \leq n, 2 \leq s' \leq m$ と書く．これを模倣する規則は R_1 に，

4.3 計算万能性，オブジェクト数最小化　73

$$(p^{c(l_1)}, out; p^{c(l_1+1)}\alpha_+(s, s')a_s, in)$$

$$(p^{c(l_1+1)}, out; p^{c(l_1+2)}, in)$$

$$(p^{c(l_1+2)}, out; p^{c(l_1+3)}, in)$$

$$(p^{c(l_1+3)}\alpha_+(s, s'), out; p^{c(l_2)}, in)$$

$$(p^{c(l_1+3)}\alpha_+(s, s'), out; p^{c(l_3)}, in)$$

を用意し，$R_{s'}$ に，

$$(\alpha_+(s, s')a_s, in)$$

$$(\alpha_+(s, s'), out)$$

を用意する．ここで，

$$\alpha_+(s, s') = q^{3mn+(s+(s'-1)n)}p^{h-(3mn+(s+(s'-1)n))}$$

である．いったん領域 1 に a_s を取り込み，次に領域 s' に a_s を入れている．

　減算の命令 $l_1 : (\mathrm{SUB}(r), l_2, l_3)$ についても $1 \leq r \leq n$ のときは定理 4.7 の証明と同様に R_1 に属する規則，

$$(p^{c(l_1)}a_r, out; p^{c(l_2)}, in)$$

$$(p^{c(l_1)}, out; p^{c(l_1+1)}\alpha_0(r), in)$$

$$(p^{c(l_1+1)}, out; p^{c(l_1+2)}, in)$$

$$(p^{c(l_1+2)}\alpha_0(r), out; p^{c(l_3)}, in)$$

$$(\alpha_0(r)a_r, out; q^{3f}, in)$$

により模倣する．ここで，$\alpha_0(r) = q^{5mn+r}p^{h-(5mn-r)}$ である．$r = s+(s'-1)n > n$，ただし $1 \leq s \leq n, 2 \leq s' \leq m$ のときは R_1 に属する規則，

74　第4章　膜計算の可能性——輸送型Pシステム

$$(p^{c(l_1)}, out; p^{c(l_1+1)}\alpha_-(s, s'), in) \tag{4.1}$$

$$(p^{c(l_1+1)}, out; p^{c(l_1+2)}, in) \tag{4.2}$$

$$(p^{c(l_1+2)}, out; p^{c(l_1+3)}, in) \tag{4.3}$$

$$(p^{c(l_1+3)}\alpha_-(s, s')a_s, out; p^{c(l_2)}, in) \tag{4.4}$$

$$(p^{c(l_1)}, out; p^{c(l_1+4)}\alpha_0(s, s'), in) \tag{4.5}$$

$$(p^{c(l_1+4)}, out; p^{c(l_1+5)}, in) \tag{4.6}$$

$$(p^{c(l_1+5)}\alpha_0(s, s'), out; p^{c(l_3)}, in) \tag{4.7}$$

$$(\alpha_-(s, s'), out; q^{3f}, in) \tag{4.8}$$

および $R_{s'}$ に属する規則,

$$(a_s, out; \alpha_-(s, s'), in) \tag{4.9}$$

$$(\alpha_-(s, s'), out) \tag{4.10}$$

$$(a_s, out; \alpha_0(s, s'), in) \tag{4.11}$$

が模倣する. ただし,

$$\alpha_-(s, s') = q^{4mn+s+(s'-1)n} p^{h-(4mn+s+(s'-1)n)}$$
$$\alpha_0(s, s') = q^{5mn+s+(s'-1)n} p^{h-(5mn+s+(s'-1)n)}$$

である. (4.1)～(4.4) と (4.9), (4.10) はレジスタ $s+(s'-1)n$ が正であると仮定して使う規則で, $\alpha_-(s, s')$ を取り込み領域 s' から a_s を引っ張り出して皮膜の外に出す. (4.5)～(4.7) は引けないと仮定したときで, 仮定が正しかったかの確認 ((4.10) が使えない) に1ステップかけている. (4.8) と (4.11) は間違った仮定を失敗にする規則である. 停止の規則は R_1 に属する $(p^{c(l_h)}, out)$ である.

　以上の構成で Π が M を模倣できるのであるが, 詳細は略する.　　　□

　レジスタ機械は, レジスタ数 ≥ 3 ならば計算万能性を持つことが知られているから, $m=1, n=3$ および $m=2, n=2$ として次の系を得る.

系 4.10　$NO_5P_1(anti_*, sym_*) = NO_4P_2(anti_*, sym_*) = NRE$

　定理 4.9 の構成法を少し変更すると次の定理が示せる.

定理 4.11 mn 個のレジスタを持つレジスタ機械を模倣する，膜の数 $m+1$ でオブジェクト数 $n+1$ の P システムが存在する．

証明の概略 定理 4.9 の証明との主な相違は膜構造 $[_1[_2]_2 \cdots [_{m+1}]_{m+1}]_1$ の P システムを構成することである．さらにオブジェクト数をひとつ少なくするために a_1 に失敗記号を兼ねさせる．レジスタ $j+(i-1)n\,(1 \le j \le n, 1 \le i \le m)$ の値は領域 $i+1$ のオブジェクト a_j の個数により表現される．領域 1 のオブジェクト p の個数でレジスタ機械の命令ラベルを表現する．そのための符号化関数，個々の規則などは文献 [3] を参照されたい． □

系 4.12 $NO_3P_3(anti_*, sym_*) = NO_2P_4(anti_*, sym_*) = NRE$

これで計算万能性を持つ P システムの構成は終わる．次の節ではオブジェクト数，膜の数がともに少ない場合を尽くして，輸送型 P システムの能力をまとめる．

4.4 輸送型 P システムの能力まとめ

命題 4.1 ではオブジェクト数 1，膜の数 1 の P システムを考察した．次のふたつの命題はオブジェクト数あるいは膜の数を少し増やした場合を示す．これらの命題は正規言語の長さ集合 $M\,(M \in NREG)$ が，負でない整数の有限集合 M_0 と M_1，正の整数 k が存在して $M = M_0 \cup \{i + jk \mid i \in M_1, j \in \mathbb{N}\}$ と表される性質を利用して証明される．

命題 4.13 $NREG \subseteq NO_2P_1(anti_*, sym_*)$

証明 M を生成する P システム $\Pi = (\{a, p\}, \{a\}, \{a, p\}, [_1]_1, p^2, R_1, 1)$ を構成する．ここで，

$$R_1 = R_{11} \cup R_{12} \cup R_{13}$$
$$R_{11} = \{(p^2, out; a^i, in) \mid i \in M_0\}$$
$$R_{12} = \{(p^2, out; pa, in), (pa, out; pa^{k+1}, in)\}$$
$$R_{13} = \{(pa, out; a^i, in) \mid i \in M_1\}$$

である．M_0 の要素は R_{11} の規則により生成される．R_{12} に属する $(p^2, out; pa, in)$ を使い，その後 $(pa, out; pa^{k+1}, in)$ を j 回使えば a^{kj+1} が入る．最後に R_{13} のどれかの規則を使えば a^{i+jk} となる．ほかに規則の選択肢はない．よ

76   第4章　膜計算の可能性——輸送型 P システム

って，Π は M を生成することが証明された.   □

命題 4.14 $NREG \subseteq NO_1P_2(anti_*, sym_*)$

証明 $M = M_0 \cup \{i + jk \mid i \in M_1, j \in \mathbb{N}\}$ は $NREG$ に属する無限集合とする[3].
m は M に属する数のうち，$\max(M_0 \cup M_1 \cup \{2k\})$ より大きい中で最小の数
とし，$m' = m + 2k$ とする（$m' \in M$ であることに注意する）．P システム
$\Pi = (\{a\}, \{a\}, \{a\}, [_1[_2\,]_2]_1, a^{m'}, \lambda, R_1, R_2, 2)$ を構成する．ここで，

$$R_1 = \{(a^{m'}, out; a^i, in) \mid i \in M_0\} \cup \{(a^{m'}, out; a^m, in), (a^m, out; a^{m+k}, in)\}$$

$$\cup \{(a^m, out; a^i, in) \mid i \in M_1\}$$

$$R_2 = \{(a, in)\}$$

とする.

まず，$N(\Pi) \supseteq M$ を示す．M_0 の要素 i は最初規則 $(a^{m'}, out; a^i, in)$ により領
域 1 に a^i が入り，次に R_2 の規則 (a, in) を i 並列で使うことにより領域 2 に
a^i が入ることにより生成される．ほかの要素は次の計算，

$$[_1a^{m'}[_2\,]_2]_1 \Rightarrow [_1a^m[_2\,]_2]_1 \overset{(A)}{\Rightarrow} [_1a^{m+k}[_2\,]_2]_1 \overset{(A)}{\Rightarrow} {}^{j-1}[_1a^{m+k}[_2a^{(j-1)k}]_2]_1$$

$$\overset{(A)}{\Rightarrow} [_1a^i[_2a^{jk}]_2]_1 \Rightarrow [_1[_2a^{i+jk}]_2]_1$$

あるいは，$i \in M_1$ について，

$$[_1a^{m'}[_2\,]_2]_1 \Rightarrow [_1a^m[_2\,]_2]_1 \Rightarrow [_1a^i[_2\,]_2]_1 \Rightarrow [_1[_2a^i]_2]_1$$

により生成できる.

次に $N(\Pi) \subseteq M$ をほかの規則選択の可能性を尽くすことにより示す．最初
に R_2 の (a, in) が m' 並列で使われると，領域 2 に $a^{m'}$ が移って停止するが，
$m' \in M$ である．上の計算の推移中，(A) のところで a^m に対して $(a^m, out;$
$a^{m+k}, in) \in R_1$ の代わりに $(a, in) \in R_2$ が m 並列で使われると a^{m+jk} が領域 2
に残って停止するが，$m + jk \in M$ である．最初に，

$$[_1a^{m'}[_2\,]_2]_1 \Rightarrow [_1a^x[_2a^{2k}]_2]_1$$

---

3)　有限集合は命題 4.1 により生成できることがわかっている.

4.4 輸送型 P システムの能力まとめ 77

表 4.1 P システムの能力一覧．F はすべての有限集合，R はすべての正規集合を包含する．数字は模倣できるレジスタ機械のレジスタ数を示す．コンマの右はそれを示した定理あるいは命題の番号．ボールド体（太字）は計算万能性を持つ．

		膜の数				
		1	2	3	4	5
オ	1	F, 4.1	R, 4.14	R, 4.14	R, 4.14	R, 4.14
ブ	2	R, 4.13	1, 4.11	2, 4.11	**3**, 4.11	**4**, 4.11
ジ	3	1, 4.7	2, *	**4**, 4.11	**6**, 4.11	**8**, 4.11
ェ	4	2, 4.7	**4**, 4.9	**6**, *	**9**, 4.11	**12**, 4.11
ク	5	**3**, 4.7	**6**, 4.9	**9**, 4.9	**12**, *	**16**, 4.11
ト	6	**4**, 4.7	**8**, 4.9	**12**, 4.9	**16**, 4.9	**20**, *

ただし，$x \in M_1 \cup \{m + k\}$ の遷移が生じると，$x = m + k$ ならば上の計算に含まれ，$x \in M_1$ ならば a^{i+2k} $(i \in M_1)$ が領域 2 に残って停止する．いずれも M に属する数を生成する．以上によりすべての可能性が尽くされたから，$N(\Pi) = M$ が示された． □

これまでの結果をまとめると，膜の数とオブジェクト数の様々な組合せについて，P システムの能力を表 4.1 に示すことができる．

表の見方は次のとおりである．行は上からオブジェクト数 $1, 2, \ldots, 6$，列は左から膜の数 $1, 2, \ldots, 5$ を表し，交叉したところにその膜の数とオブジェクト数の P システムの能力を示してある．記号 F はすべての有限集合の集まりと等しく，R はすべての正規言語の長さ集合を包含し（真に包含するかは不明），数字はその数のレジスタを持つレジスタ機械を模倣できることを示す．コンマ (,) のあとの数字は，その性質を示した定理あるいは命題の番号を示す．* は定理 4.9 と 4.11 の両方で示されていることを意味する．ボールド体（太字）は計算万能性がある．表にない膜の数 m とオブジェクト数 s については，模倣できるレジスタ機械のレジスタ数 d の間に次の式が成り立つ（ただし，$m \geq 2$，$m = 1$ では常に R である）．

$$d = \max\{m(s - 2), (m - 1)(s - 1)\}$$

この表の 1 行 1 列（有限集合の集まり）と計算万能性の部分についてはこ

78　　第 4 章　膜計算の可能性——輸送型 P システム

れで確定であるが，その中間では今後，新しい証明法（P システムの構成
法）が発見されて異なる知見が得られる可能性がある（大変困難であると予
想されるが）.

　この章の内容は主に文献 [2, 3, 18] から引用してまとめた．省略した証明
もこれらの文献に載っている．

> 　この章では輸送の規則だけを持つ輸送型 P システムを紹介した．巧妙
> に制御された輸送機能は生体膜の特徴だから，膜計算モデルの特質が
> 発揮されている．知られている結果も，計算万能性を持つタイプから
> 有限集合しか生成できないタイプまで幅広い．さらに，膜の数とオブ
> ジェクトの数のトレードオフなど興味深い性質が見られる．

第5章 膜計算の可能性——並列性を生かす

2.9 節で述べたとおり，決定性多項式時間アルゴリズムが知られている問題は実用的に見ても我々の手の中にある，つまり容易に解けると言える．しかしながら，重要な問題でありながらそうでないものが多数ある．そのうちのあるものは，非常に多数のプロセッサを並列に動かせば短時間で解くことができる．多数というのは問題の大きさ n に対して指数関数，つまり 2^n 程度で，$n = 20$ で 100 万，$n = 40$ なら 1 兆になるから，今のプロセッサでは現実的ではない．ところが，膜計算は細胞の抽象化であるから 1 兆やそこらはまだ少ない世界である（誰でもおなかの中などに細菌を 1000 兆個くらいは「飼っている」）．この章では，膜計算を使うと実用的計算量の限界（と思われているもの）を突き抜けることができるかどうか見ていく．

5.1 P システムにおける計算量の精密な評価

この章では実用上重要な階層，

$$P \subseteq NP \subseteq PSPACE \subseteq DEXP$$

と P システムの関連を論じる．これまでの計算万能性の議論では，「できる」「できない」だけで済んだが，このような比較的小さな計算量[1]を比較

---

1) 計算量の階層は無限に続くことがわかっている．$DEXP$ の上には非決定性指数関数時間，その上には指数関数領域，さらに決定性二重指数関数時間 (2^{2^n}) と続いていく．その階層の一番下のほうだから「小さな」とした．前にも述べたとおり，現実に解けるのは決定性多項式時間である．

80   第5章　膜計算の可能性——並列性を生かす

するときは問題の表現法，入力・出力，ステップ数（計算時間）の測定法な
ど詳細に定めておく必要がある.

　これから扱う問題は，与えられた具体例が問題で求めている性質を持つ
(yes) か否 (no) かを答える判定問題である. たとえば，**ブール式の充足可能
性判定問題**（satisfiability problem of a Boolean formula, 略して SAT）は与え
られたブール式が真になる命題変数への真理値の割り当てが存在するかどう
かを判定する. 具体例としてブール式 $p_1 = (x_1 \lor x_2) \land (x_1 \lor \neg x_3)$ が与えられ
ると，$x_1 = 1, x_2 = 1, x_3 = 0$（1は真0は偽）とすれば p_1 は真になるから，
充足可能 (yes) と答える. 判定問題を統一して扱うための表記法を与える.

〈**定義 5.1：判定問題とその表現**〉判定問題 X は，組 $X = (I_X, \theta_X)$ で与えら
れる. I_X は X の可能な具体例すべてをある記述法で表した集合（yes の具
体例と no の具体例が両方入る），θ_X は $\theta_X : I_X \to \{\text{yes}, \text{no}\}$ の関数で，任意
の $w \in I_X$ について，w が yes の例ならば $\theta_X(w) = \text{yes}$，w が no の例ならば
$\theta_X(w) = \text{no}$ となる. 集合 $L_X = \{w \in I_X \,|\, \theta_X(w) = \text{yes}\}$ を X に付随する言語と言
う. 〈定義 5.1 終わり〉

〈**例 5.1：ブール式の充足可能性判定問題の表現**〉ブール式を記述するとき，
変数ひとつにつきひとつの記号を用いると必要な記号の数に上限を設けるこ
とはできない. そこで i 番目の変数 x_i を i を2進数で表した $[i]_2$ を用いて，
$X[i]_2$ と記述する. そうすると必要な記号の集合は $\Sigma_{\text{SAT}} = \{X, 0, 1, \lor, \land, \neg, (,)\}$
となる. たとえば，$(x_1 \lor x_2) \land (x_1 \lor \neg x_3)$ は $(X1 \lor X10) \land (X1 \lor \neg X11)$ とな
る. この記法による SAT の表現は $(\Sigma_{\text{SAT}}^*, \theta_{\text{SAT}})$ である. ただし，$\theta_{\text{SAT}}(w)$ は w
が正しいブール式に対応し，かつ充足可能なときに限り yes となる[2].

　すべてのブール式は同値な3乗法標準形に変換できることを使って，別
の表現を与える. 命題変数 x あるいはその否定 $\neg x$ をリテラルと言う. いく
つかのリテラルの論理和を節と言う. いくつかの節の論理積であるブール式
は **乗法標準形** (conjunctive normal form) と言う. 3乗法標準形 (3CNF) では，
すべての節がちょうど3個のリテラルからなる. たとえば，

---

2)　I_X を正しいブール式に対応する列に限った集合にしてもよい. しかし，Σ_{SAT} 上のすべての記号列
　としたほうが簡単になる. 正しいブール式かどうかの判定は簡単な構文解析である.

$$(x_1 \lor x_2) \land (x_1 \lor \neg x_3) \equiv ((x_1 \lor x_2) \lor (x_3 \land \neg x_3)) \land ((x_1 \lor \neg x_3) \lor (x_2 \land \neg x_2))$$

$$\equiv (x_1 \lor x_2 \lor x_3) \land (x_1 \lor x_2 \lor \neg x_3) \land (x_1 \lor \neg x_2 \lor \neg x_3)$$

の変形により p_1 の 3CNF が得られる．n 変数のブール式では節に出現する命題変数の組合せの数は，

$$\binom{n}{3} = \frac{1}{6}n(n-1)(n-2)$$

であり[3]，各変数は否定か肯定の 2 通りの出方があるので，

$$2^3 \binom{n}{3} = \frac{4}{3}n(n-1)(n-2)$$

だけ可能な節がある．これらの節に順序を付けて番号を振ることができる．添え字が小さいほうが先，肯定が先とすれば 3 変数の場合，

$$1 : x_1 \lor x_2 \lor x_3$$

$$2 : x_1 \lor x_2 \lor \neg x_3$$

$$3 : x_1 \lor \neg x_2 \lor x_3$$

$$4 : x_1 \lor \neg x_2 \lor \neg x_3$$

$$5 : \neg x_1 \lor x_2 \lor x_3$$

$$6 : \neg x_1 \lor x_2 \lor \neg x_3$$

$$7 : \neg x_1 \lor \neg x_2 \lor x_3$$

$$8 : \neg x_1 \lor \neg x_2 \lor \neg x_3$$

となる．3CNF ではそのうちのいくつかが出現しているから，出現している節の番号からなる集合で式そのものを指定することができる．変数の個数は別に与えておかないと，ひとつの節に入る変数の種類がわからない．これまでの例だと p_1 は 3, {1, 2, 4} と表現できる．数を 2 進数など適切な表記法で表現すれば決まった個数の記号で表現できる．〈例 5.1 終わり〉

　次に P システムに特有の課題を見ていこう．P システムは表 5.1 に見ると

---

3) $\binom{n}{3}$ は二項係数．つまり，$_nC_3 = \binom{n}{3}$．

82   第 5 章　膜計算の可能性——並列性を生かす

表 5.1　チューリング機械と P システムの比較

比較項目	チューリング機械	P システム
決定性・非決定性の区別	あり.	本質的に非決定的（規則は非決定的極大方式で適用される）.
入力	明確に定められる（入力専用テープを持つオフライン型チューリング機械で小さな計算量の階層は定められている）.	基本モデルではなし（初期様相の一部を入力と見なすことはできる）.
出力	受理・不受理.	多重集合一般.
動作の規則	入力によらず一定（ひとつのチューリング機械がどんな大きさの入力でも計算できる）.	入力の大きさに依存する（入力の大きさごとに一部の規則が異なる P システムを作ることになる）.

おり，チューリング機械とかなり見かけが異なる計算モデルであるため，いくつかの道具立てが必要である．そこで，入力付き P システムと受理・不受理に特化した認識 P システムを定義する．なお，この章の P システムは第 3 章と同じ型（オブジェクト書き換え細胞型 P システム）である．

〈定義 5.2：入力付き P システム〉$\Pi = (O, \mu, w_1, \ldots, w_m, R_1, \ldots, R_m, i_0)$ を P システムとする．**入力付き P システム** (P system with inputs) は 3 つ組 (Π, Σ, h_i) で次の条件を満たす.

1. $\Sigma \subset O$
2. $w_1 \cdots w_m \in (O - \Sigma)^*$
3. h_i は μ に属するどれかの膜のラベル.

(Π, Σ, h_i) は入力 $x \in \Sigma^*$ を得て動作を開始する．その際の初期多重集合は $w_1, \ldots, (w_{h_i} \cup x), \ldots, w_m$ である．〈定義 5.2 終わり〉

〈定義 5.3：認識 P システム〉P システム $\Pi = (O, \mu, w_1, \ldots, w_m, R_1, \ldots, R_m, i_0)$（入力付き，入力なしどちらも可）は次の条件を満たすとき**認識 P システム** (recognizer P system) と言う.

1. O には特別のオブジェクト yes, no が入っている.

2. すべての計算は停止する.

3. 停止したときに出力領域に yes か no いずれかが出現する.

4. yes か no が出現するのは停止したときに限る.

yes が出現する計算を受理計算と呼び，no が出現する計算を拒否計算と呼ぶ.

〈定義 5.3 終わり〉

　上の定義ですべての計算が停止するという条件は後ほどの議論の都合上設けてある．2.9 節で述べたとおり，受理しない計算は停止しなくても計算複雑性の議論は可能である.

　次に，表 5.1 の動作の規則の問題について検討する．単一のチューリング機械がどんな大きさの入力も計算できるのに対し，P システムでは入力の大きさによって一部の規則を変えることになるのは，記憶の扱いに違いがあるからである．チューリング機械は上限のない記憶テープを持つのに対し，P システムにおける膜の数はシステムで定まる上限がある．この章では分裂する膜を取り入れ，膜の数が増える拡張型を導入する．それでも膜の増殖を入力に応じて止めないと望みの結果が得られない．したがって，入力に依存した規則が必要になっている．どんな大きさの入力にも対応できる認識型 P システムを見つける（あるいは，それは不可能であると証明する）ことは今後の課題である.

　一方で，特定の入力に対して特定のシステムを作るのは全く不公平なやり方である．たとえば，yes の答えになる入力には yes を出力してすぐ停止するシステムを作るなど．そこで，計算複雑性議論と両立するように，ある大きさの入力全般に対して認識 P システムを構成する方式が必要である．それを定めるのが次の一様集団である.

〈定義 5.4：一様集団〉 (I_X, θ_X) を判定問題とする．認識 P システムの族 $\mathbf{\Pi}$ が**準一様集団** (semi-uniform family) であるのは，多項式時間決定性チューリング機械 M が存在して，M による関数 $f_M : I_X \to \mathbf{\Pi}$ が任意の $x \in I_X$ について $f_M(x)$ [4]は $\theta_X(x) = $ yes のとき，およびそのときに限り，yes の結果を出すと

---

4)　$f_M(x)$ はひとつの認識 P システムである.

84　第5章　膜計算の可能性——並列性を生かす

きである.

　入力付き認識Pシステムの族 **Π** が**一様集団** (uniform family) であるとは,
ふたつの多項式時間決定性チューリング機械 M_1, M_2 が存在して,次の条件
を満たすときである.

1. M_1 は単進数表記の n（1^n,　1が n 個ある）を入力としてPシステム $\Pi_n \in$
　Π を出力する.
2. M_2 は長さ n の $x \in I_X$ を入力として Π_n の入力となる多重集合 w_x を出力
　する.
3. Π_n が w_x を入力として yes を出力するのは $\theta_X(x) = $ yes のとき,およびそ
　のときに限る.

〈定義5.4 終わり〉

　準一様集団は入力となる具体例それぞれについて「特注品」のPシステ
ムを作る.ただし,その作り方はチューリング機械（＝アルゴリズム）でき
っちり定める.一様集団では入力の大きさを基にひとつのPシステムが作
られ,そのPシステムはその大きさの入力すべてを入力として（多重集合
に変換されたあとで）受け入れ,結果を出す.

　最後に,決定性・非決定性について考察する.決定的な動作をする,つま
り,どの様相についても適用可能な規則の多重集合がただ1通り決まるP
システムを考えることはできる.しかし,この条件を少しゆるめても決定性
チューリング機械に相当する概念が得られる.それは,どんな初期多重集合
から出発しても（途中で分岐するかもしれないが）結果は初期多重集合に応
じて決まるただ1通りであるという条件である.この条件を満たすPシス
テムを**合流性** (confluent) を持つと言う.合流性を持つPシステムは入力が
決まれば出力もただ1通りに決まるので,決定性チューリング機械と同じ
扱いができる.時間計算量は入力の大きさ n についての関数 $f(n)$ が存在し
て,大きさ n のどの入力についても $f(n)$ ステップ以内で停止し結果が出る
とき,$f(n)$ がそのPシステムの時間計算量になる.途中で分岐するときは,
どの分岐計算でも $f(n)$ ステップ以内に停止する必要がある.

　道具立てはこれでそろったから,次の節からは膜の分裂を取り入れたP

システムの定義と，それによる充足可能性判定問題などの解を見ていこう．

5.2 活性膜 P システム

この節では分裂する膜を持つ P システムを定義する．分裂に加え膜の電荷という性質も入れる．電荷は正 (+)，負 (−)，なし (0) のいずれかで電荷に応じて使用可能な規則が異なる．規則はオブジェクトだけでは決まらず，そのオブジェクトが存在する領域の膜と一体になっている．これまでは膜のラベルは一意に定めていたが，分裂すると同じラベルの膜が増えることになる．このような P システムでは膜はただの入れ物ではなく，システムの挙動に積極的に寄与する．それゆえに活性膜 P システムと呼ぶ．

〈定義 5.5：活性膜 P システム〉位数 $m \geq 1$ の**活性膜 P システム** (P system with active membranes) は構造 $\Pi = (O, \Lambda, \mu, w_1, \ldots, w_m, R, i_0, h_i)$ である．ここで，

1. O はオブジェクトの有限集合.
2. Λ は膜のラベルの有限集合.
3. μ は位数 m の膜構造である．それぞれの膜には Λ の要素がラベルとして付いている．ラベル付けは 1 対 1 でなくてもよい（ふたつ以上の膜に同一のラベルが付いてもよい，ただし，初期様相では 1 対 1 である）.
4. w_i $(1 \leq i \leq m)$ は領域 i にある初期多重集合.
5. R は規則の集合である．規則は以下に述べるどれかの型に属する.
6. $i_0 \in \Lambda$ は出力領域のラベル．i_0 を省略したときは外界を出力領域とする（外界に出たオブジェクトが出力を表す）.
7. $h_i \in \Lambda$ は入力領域のラベル．h_i がないときは入力なし P システムである.

それぞれの膜にはラベルに加えて**電荷** (electrical charge)（あるいは分極 (polarization)）がある．電荷は正 (+)，負 (−)，中立 (0) で表される．電荷が $\alpha \in \{+, -, 0\}$，ラベル $h \in \Lambda$ の膜を $[\ ]_h^\alpha$ で示す．初期様相ではすべての膜は中立である．

規則は次の型のいずれかである．

86 第5章 膜計算の可能性——並列性を生かす

- **オブジェクト変化規則** (object evolution rules)$[a \rightarrow w]_h^\alpha$
  ラベル h 電荷 α の膜の中にオブジェクト a があるとき，a は多重集合 w に変化する（書き換えられる）．

- **中に入れる規則** (send-in communication rules)$a[\ ]_h^\alpha \rightarrow [b]_h^\beta$
  ラベル h 電荷 α の膜のすぐ外側にオブジェクト a があるとき，a は h の膜の中に入って $b \in O$ に変わり，かつ h の膜の電荷は β に変化する．

- **外に出す規則** (send-out communication rules)$[a]_h^\alpha \rightarrow [\ ]_h^\beta b$
  ラベル h 電荷 α の膜の中にオブジェクト a があるとき，a は b に変化して h の外に出る．と同時に h の電荷は β になる．

- **破壊規則** (dissolution rules)$[a]_h^\alpha \rightarrow b$
  ラベル h 電荷 α の膜の中にオブジェクト a があるとき，h の膜が破壊され，中のものはすべてひとつ外側の膜に直接所属する．ただし，a だけは b に変化する．

- **基本膜分裂規則** (elementary division rules)$[a]_h^\alpha \rightarrow [b]_h^\beta [c]_h^\gamma$
  ラベル h 電荷 α の膜の中にオブジェクト a がありほかの膜がその中にない（基本膜）とき，その膜はふたつに分裂しいずれもラベル h を持つ．電荷は一方が β，他方は γ になり，a は一方が $b \in O$，他方は $c \in O$ になって分裂膜に入る．a 以外の元からあったオブジェクトは複製されてふたつの分裂膜にそれぞれ入る．

- **一般膜分裂規則** (non-elementary division rules)

$$\left[[\ ]_{h_1}^+ \cdots [\ ]_{h_k}^+ [\ ]_{h_{k+1}}^- \cdots [\ ]_{h_n}^- \right]_h^\alpha \rightarrow \left[[\ ]_{h_1}^\delta \cdots [\ ]_{h_k}^\delta \right]_h^\beta \left[[\ ]_{h_{k+1}}^\epsilon \cdots [\ ]_{h_n}^\epsilon \right]_h^\gamma$$

ラベル h 電荷 α の膜に正の電荷の膜 $h_1, \ldots, h_k$，負の電荷の膜 $h_{k+1}, \ldots,$ h_n があるとき，h の膜はふたつに分裂し，ふたつのラベル h の膜になる．一方の電荷は β，他方は γ になる．h の中にある膜のうち，正の電荷の膜は電荷が δ になって一方に，負の電荷の膜は ϵ に変わって他方に行く．元の膜に電荷が中立の膜が含まれていてもよく，それらは複製されて両方の分裂膜に入る．

5.2 活性膜 P システム　　87

ある時点の様相は，そのときの膜構造，それぞれの膜に付いているラベル
と電荷，それぞれの膜に中にあるオブジェクトの多重集合からなる．システ
ムの変化（計算）はこの様相を次の原則に基づいて作り替えることである．

- どの膜もオブジェクト変化規則を除き，高々ひとつの規則が適用され
  る．オブジェクト変化規則はほかの規則と同時に使える．変化規則を
  持つ膜が分裂したときは，変化規則の右辺のオブジェクトは複製され
  て分割後の膜それぞれに行く．
- 規則の選択は非決定的極大方式による．
- 規則の選択に衝突があるとき，つまり，あるオブジェクトあるいは膜
  が複数の規則にあり，それらの規則が適用可能なとき，どれかひとつ
  が非決定的に選ばれて適用される．
- 規則は「下から上」に当てはめられる．つまり，基本膜の規則が最初
  に当てはめられ，それから順にそれを包む膜の規則が当てはめられ
  る．言い換えると，どの膜もその内側にある膜すべてで規則の適用が
  終わってから，規則が適用される．
- 皮膜は破壊されないし分裂もしない．皮膜の外に出たオブジェクトは
  再び中に入ることはない．

停止計算 (halting computation) は様相の系列 $(C_0, \ldots, C_k)$ であり，C_0 は
（入力ありのときは入力を入れた）初期様相，C_{i+1} は C_i から規則の適用で
得られる様相 $(1 \leq i < k)C_k$ にはどの規則も適用できない．停止計算におい
て，C_k の出力領域に yes が出現していれば**受理計算** (accepting computation),
no が出現していれば**拒否計算** (rejecting computation) と言う．〈 定義 5.5 終わ
り 〉

定義 5.5 ではどの規則でも → の左辺にあるオブジェクトはただひとつで
あることに注意する．その点では第 3 章の非コーポレーション型になるので
あるが，活性膜の能力はオブジェクトの「非協力的態度」(non-cooporation)
を十分に補っている．つまり，計算時間さえかければ活性膜 P システムは
任意のレジスタ機械を模倣できる．計算万能性は本章のテーマからはずれ
るので，この件についてはこれ以上触れない．興味のある方はハンドブック

88   第 5 章　膜計算の可能性——並列性を生かす

[18] を参照されたい.

5.3　$\mathcal{NP}$ 完全問題を多項式時間で解く

活性膜 P システムでは並列に膜を分裂させることができるので，ステップ数の指数関数個になる膜を作ることができる．それらの膜それぞれで並列に計算ができる．本節では，この性質をうまく使って 3 乗法標準形のブール式 (3CNF) に対する充足可能性判定問題 (SAT) を入力長さの多項式時間で解く活性膜 P システムの一様集団を構成する．SAT は 3CNF に限定しても $\mathcal{NP}$ 完全であるから，活性膜 P システムは $\mathcal{NP}$ 完全問題の効率的解法を示している．それを示すのが定理 5.1 である．この証明は長くなるが，P システムの特徴をよく表しているから詳しく記述する.

定理 5.1　3CNF に対する SAT (3SAT) を，与えられたブール式中の命題変数の個数 n の多項式時間で解く合流 P システムの一様集団が存在する.

証明　n 変数の 3SAT を解く P システム Π_m $(m = 8\binom{n}{3})$ の存在を示す．Π_m の入力は例 5.1 の後半で述べた，出現する節の番号からなる（多重）集合である．ただし，変数の個数は n に固定したから，変数の個数を入力に含める必要はなく，かつ，節の番号も上限が決まっているので番号はひとつの記号にできる．例 5.1 の前半の表現（論理式による表現）から節番号集合への変換は節の総数程度 ($O(n^3)$) でできる．実際の Π_m への入力は例 5.1 の 補集合，つまり，i 番目の節が入力となるブール式 ϕ に 出現しない ときに c_i が入力集合に属する.

Π_m のオブジェクトは多種にわたるため，ひとつの集合としてはじめに与えることはせず，初期多重集合と規則の説明の中で出していく．初期の膜構造と多重集合は，

$$\left[q_0 r_0 [p_0 x_1 \cdots x_n]_h^0\right]_s^0$$

である．$x_1 \cdots x_n$ は真理値が与えられていない変数を示し，p_0 と q_0 はステップ数を数えるために使われる．r_0 もステップを数えるため使われ，最後に出力を出すためにも使われる．出力は外界に出され，入力は膜 h に入る.

Π_m の計算は，

5.3 $\mathcal{NP}$ 完全問題を多項式時間で解く　89

1. 2^n 個の h の膜を作り，$x_1, \ldots, x_n$ に対する真と偽の異なる 2^n の割り当てがそれぞれひとつずつどれかの膜に入るようにする．
2. それぞれの h の膜で ϕ の真理値を（並列で）求める．
3. どれかの膜で ϕ が真となれば yes を出力する．そうでないときは no を出力する．

の段階で行う．それぞれの段階で使われる規則を説明する．

1. それぞれの x_i $(1 \le i \le n)$ は膜を分裂させながら，真と偽の値に分かれる．これは，

$$[x_i]_h^0 \to [t_i]_h^0 [f_i]_h^0 \quad 1 \le i \le n$$

により行われる．n 個の規則があるが 1 ステップにそのうちの 1 個だけが使われる．どれが使われるかは非決定的に選択される．しかし，どのような順序で選択されても最終的には n 個すべてが使われて 2^n 個の h の膜ができ，それらは $\{z_1 \cdots z_n \mid z_i \in \{t_i, f_i\}, 1 \le i \le n\}$ の要素をひとつだけ，別の膜では別の要素を持つことに注意する．この膜の分裂と同時に，オブジェクト変化規則，

$$[p_t \to p_{t+1}]_h^0 \quad 0 \le t < n$$

が使われ，p_0 が p_n になる．p_n になると分裂は終わり，規則，

$$[p_n]_h^0 \to [\ ]_h^+ p_n, \quad p_n [\ ]_h^+ \to [u_0]_h^+$$

によって，いったん外（s の膜）に出た p_n は u_0 になってまた h の膜に入る．u_0 が入るのは元 p_n がいた膜とは限らない．ただし，規則の極大選択方式により，2^n 個の h の膜にそれぞれ 1 個の u_0 が入る（そうでないと適用される規則の数が少なくなり，極大にならない）．u_0 は次の真理値判定で使われる．

h の膜の電荷が + になると次の規則，

$$[t_i \to \{c_k \,|\, k \text{ 番目の節はリテラル } x_i \text{ を持つ }\}]_h^+ \text{ あるいは},$$

$$[f_i \to \{c_k \,|\, k \text{ 番目の節はリテラル } \neg x_i \text{ を持つ }\}]_h^+$$

ただし $1 \le i \le n$, が使われる．ここで $\{c_i \,|\, k$ 番目の節はリテラル x_i を持つ $\}$ は普通の集合表記であるが，多重集合として扱う．これらの集合は変数の個数と節の数え上げ順が決まれば一意に定まるので，Π_m を作るときには決まっている．

2. あるラベル h の領域で c_1 から c_m すべての c_i が 1 個以上出現していると（2 個以上出現する c_i があってもよい），ブール式 ϕ はその領域に対応する真理値割り当てについて真である．なぜなら，入力として与えられるオブジェクトは ϕ に出現しない節であり，それらはすべての領域にはじめから入っている．その領域の真理値割り当てについて真になる節に相当する c_i が作られる．ϕ に出現する節がすべて作られれば，すべての節が真になる真理値割り当てとなる．オブジェクト u_j $(0 \le j \le m)$ は，すべての c_i が出現しているかを調べるために使われる．

c_i の出現は，まず，c_1 が出現しているかどうかを調べ，次にすべての c_k の添え字を 1 減らす．そうしてまた c_1 の出現を調べることに戻る．この検査の繰り返しは，オブジェクト c_1 の出現を調べるための規則があれば実行可能である．その規則は，

$$[c_1]_h^+ \to [\,]_h^- c_1$$

$$[c_k \to c_{k-1}]_h^- \quad 1 \le k \le m$$

$$[u_j \to u_{j+1}]_h^- \quad 0 \le j < m$$

である．c_1 が存在すれば h の膜の外に出て電荷を $-$ にする．電荷が負になった膜では残るすべての c_k の添え字が 1 減ると同時に u_j の添え字が 1 増える．c_1 がふたつ以上あると，外に出ない c_1 が残り，それらの添え字は 0，つまり，c_0 ができる．c_0 は以後の計算に何の影響も与えない．外に出た c_1 は規則，

$$c_1[\,]_h^- \to [c_0]_h^+$$

により c_0 になって h の膜に戻る. この規則は上の規則と同時に適用されるため, 実際には,

$$c_1[c_2 \cdots c_k u_{m-k}]_h^- \to [c_0 c_1 \cdots c_{k-1} u_{m-k+1}]_h^+$$

という変化になる. c_1 が戻る膜は必ずしも元あった膜ではない. しかし, 規則の極大適用により, c_1 が外に出た膜はすべて c_0 が入り, 電荷が + になる. それによって $u_k\,(k < m)$ が出現している限り, c_1 の存在を確認する動作が繰り返される.

以上の動作が $2m$ ステップ行われると u_m が出現し, この繰り返しは止まる. それ以前でも c_1 が出現しない膜では, 電荷が負にならないので u_k の添え字は増えない. つまり u_m が出現すればすべての $c_i\,(1 \le i \le m)$ が出現していたことになる. この事実はオブジェクト t を次の規則により s の膜に送ることにより示される:

$$[u_m]_h^+ \to [\ ]_h^+ t$$

3. オブジェクト q_0 と r_0 は (i) と (ii) の動作中, 次の規則によりステップを数えている.

$$[q_t \to q_{t+1}]_s^0 \quad 0 \le t < l$$
$$[r_t \to r_{t+1}]_s^\alpha \quad 0 \le t < l+2, \alpha \in \{+, 0, -\}$$

ここで $l = (n + 2) + (2m + 1)$ である. q_l が出現すると出力段階になる. ここで使われる規則はすべて s の膜の規則で,

$$[q_l]_s^0 \to [\ ]_s^+ q_l \tag{5.1}$$

$$[t]_s^+ \to [\ ]_s^- t \tag{5.2}$$

$$[r_{l+2}]_s^+ \to [\ ]_s^+ \text{no} \tag{5.3}$$

$$[r_{l+2}]_s^- \to [\ ]_s^- \text{yes} \tag{5.4}$$

である. まず, (5.1) が使われ, s の膜の電荷が + になる. ここで t がひとつでもあれば (5.2) が使われ, s の膜の電荷が − になる. そのときに r_{l+2} が出現しているので, 電荷が正なら (5.3), 負なら (5.4) が使われ, それぞれ no,

92   第5章　膜計算の可能性——並列性を生かす

yes の結果を出して停止する.

　最後に，以上の構成が必要な条件を満たしていることを確認する．Π_m は動作の説明により明らかに合流性を持つ．Π_m のステップ数は $l+3 = (n+2)+(2m+1)+3 = n+2m+6$ であり $m = \frac{4}{3}n(n-1)(n-2)$ であるから n の3次式である．Π_m の規則の数はステップ数の定数倍であるから，やはり n の3次式である．規則の長さは定数だから，これだけの規則を作り書き出すことは n の多項式時間決定性アルゴリズム（チューリング機械）で可能である．以上により一様集団のすべての条件が満たされることが示された．　　　　　□

　定理5.1の証明では基本膜の分裂規則と，変化規則，移動規則は使ったが，膜の破壊規則と一般膜の分裂規則は使っていない．やや限定された活性膜Pシステムでこの結果が得られている．定理5.1の結果は $P \neq NP$?問題の解決にはならないことに注意する．なぜなら，活性膜Pシステムが行っているすべての計算を数えると入力の大きさの指数関数になり，それを決定性チューリング機械（決定性逐次実行アルゴリズム）で行えば指数関数時間かかる．言い換えると，活性膜Pシステムは $P \neq NP$?の問題設定においてはクラス P に属する計算モデルにはならないのである．

　この節の内容は主に G. Mauri ほかの論文 [9] とハンドブック [18] を参考にした.

5.4　$\mathcal{PSPACE}$ 完全問題を多項式時間で解く

　一般膜の分裂規則も使うと，より強い結果が得られる．この節では $\mathcal{PSPACE}$ 完全である量限定ブール式の真理値判定問題 (QBF-SAT) を入力の定数倍時間で解く一様Pシステムを紹介する．

〈例5.2：量限定ブール式〉ϕ をブール式とする．ϕ に出現する命題変数は $x_1, \ldots, x_n$ とする．それらの変数を強調して $\phi(x_1, \ldots, x_n)$ と書く．$x_1, \ldots, x_n$ を全称あるいは存在限量子で限定した式 $Q_1 x_1 Q_2 x_2 \cdots Q_n x_n \phi(x_1, \ldots, x_n)$（$Q_i$ $(1 \leq i \leq n)$ は全称記号 ∀ か存在記号 ∃ である）を量限定ブール式 (quantified Boolean formula, QBF) と言う．ある QBF の真理値は真か偽に決まる．真になるのは存在記号が付いた変数に代入する真か偽の値が存在し，全称記号が付いた変数には真を代入しても偽を代入しても，式が真になるときであ

る．存在と全称の順序には意味があり，$\exists x_1 \forall x_2 \phi(x_1, x_2)$ が真になるのは x_1 に代入する真か偽の値が存在して，それを代入すると x_2 が真でも偽でも $\phi(x_1, x_2)$ が真になるときである．$\forall x_1 \exists x_2 \phi(x_1, x_2)$ が真になるのは，x_1 に真を代入したときはそれに応じて x_2 の値が存在して $\phi(x_1, x_2)$ が真になり，x_1 に偽を代入したときはそれに応じた（別の値でもよい）値を x_2 に代入すると $\phi(x_1, x_2)$ が真になるときである．

たとえば，$\phi(x_1, x_2, x_3) = (x_1 \vee x_2) \wedge (x_1 \vee \neg x_3)$ とすると $\exists x_1 \forall x_2 \exists x_3 \phi(x_1, x_2, x_3)$ は QBF である．この式は x_1 を真にすれば真になる．$\forall$ と $\exists$ を逆にして $\forall x_1 \exists x_2 \forall x_3 \phi(x_1, x_2, x_3)$ とすると，x_1 が偽のとき x_2 を真にしても x_3 も真だと全体は偽になる．x_1, x_3 は真偽いずれでも全体は真にならなければいけないから，この場合は偽である．

与えられた QBF が真か偽かを判定するのが**量限定ブール式の真理値判定問題** (satisfiability of quantified Boolean formula, QBF-SAT) である．これからは ϕ が乗法標準形の QBF を考える．また，$\forall$ と $\exists$ が任意の順に並んだ QBF は，高々 2 倍の変数を持つ，$\forall$ と $\exists$ が交互に並んだ同値な QBF に変換できる[5]から，

$$\exists x_1 \forall x_2 \cdots \forall x_{2n} (C_1 \wedge C_2 \wedge \cdots \wedge C_m)$$

を QBF の標準形とする．ここで，C_i は $x_1, \ldots, x_{2n}$ あるいはそれらの否定の論理和からなる節である（ひとつの節中のリテラルの個数はいくらでもよい）．〈例 5.2 終わり〉

定理 5.2 で構成する P システムの入力となる論理式について述べよう．例 5.2 で述べた標準形の QBF，

$$\psi = \exists x_1 \forall x_2 \cdots \forall x_{2n} (C_1 \wedge C_2 \wedge \cdots \wedge C_m)$$

---

5) たとえば，

$$\exists x_1 \forall x_2 \forall x_3 ((x_1 \vee x_2) \wedge (x_1 \vee \neg x_3))$$

は $x_1 \to x_1', x_2 \to x_2', x_3 \to x_4'$ と置き換え，新しい変数 x_3' を追加して，

$$\exists x_1' \forall x_2' \exists x_3' \forall x_4' ((x_1' \vee x_2') \wedge (x_1' \vee \neg x_4') \wedge (x_3' \vee \neg x_3'))$$

とすれば変換できる．

94   第5章　膜計算の可能性——並列性を生かす

をアルファベット，

$$\Sigma\langle n, m\rangle = \{y_{i,j,j}, y'_{i,j,j} \mid 1 \le i \le m, 1 \le j \le 2n\}$$

の上の多重集合に変換する．ここで $y_{i,j,j}$ は節 C_i に x_j が肯定形（¬なし）で出現していることを表し，$y'_{i,j,j}$ は C_i に x_j が否定形（¬x_j として）で出現していることを表す．したがって，変換された多重集合 w_ψ は，

$$w_\psi = \{y_{i,j,j} \mid x_j \text{ が } C_i \text{ に出現する }\} \cup \{y'_{i,j,j} \mid \neg x_j \text{ が } C_i \text{ に出現する }\}$$

となる（w_ψ は普通の集合であるが多重集合と見なす）．ではこの節の定理を述べよう．

定理 5.2　QBF-SAT を変数と節の数の和の定数倍時間で解く，活性膜 P システムの一様集団が存在する．

証明　変数の数 n と節の数 m の組がパラメータになるから，活性膜 P システム $\Pi\langle n, m\rangle$ が存在して，n 変数 m 節の QBF の真理値を $n + m$ の定数倍時間で解くことを示す．

$\Pi\langle n, m\rangle$ の初期様相は，

$$[f_{7n+2m+4} \overbrace{[\cdots [}^{2n} [c_0 w_\psi]_0^0]_0^0]_e^0]_a^0 \overbrace{\cdots]_e^0]_a^0}^{2n}]_1^+$$

である．入力 w_ψ は一番内側の膜 0 に入っている．c_0 と $f_{7n+2m+4}$ はステップ数を数えるオブジェクトである．

　動作は SAT のときと同じく，

1. 変数への真理値の割り当てをしながら膜を分裂させる．
2. 入力の論理式 (ψ) の真理値を計算する．
3. 結果を出力する．

の段階で進む．それぞれの段階で使われる規則を説明する．

　1. 基本膜の分裂と一般膜の分裂両方を使う．基本膜では，

$$[c_j]_0^0 \to [c_{j+1}]_0^+ [c_{j+1}]_0^- \quad 0 \le j < 2n$$

により一番内側の膜 0 を分裂させる．分裂後の電荷 + と − は真理値割り当てに対応し，次の規則で使われる．それと同時に膜 0 のすぐ外にある e の膜が分裂し，膜 0 の電荷は中立に戻る．よって 2 ステップに 1 回分裂する．

$$[y_{i,1,j} \rightarrow r_{i,j}]_0^+, \quad [y'_{i,1,j} \rightarrow r_{i,j}]_0^-$$
$$[y_{i,1,j} \rightarrow \lambda]_0^-, \quad [y'_{i,1,j} \rightarrow \lambda]_0^+$$

i 番目の節を真にする真理値割り当て（C_i に x_j が出現し，x_j を真にする，あるいは C_i に $\neg x_j$ が出現し x_j を偽にする）では $r_{i,j}$ が出現する．より詳しく述べると，電荷 + は x_j を真にする割り当てで，「そこに $y_{i,1,j}$ がある」（≡「C_i に x_j が出現する」）と $r_{i,j}$ になる．電荷 − は x_j を偽にするので $y'_{i,1,j}$ があれば $r_{i,j}$ になる．そうでないときは単に消える．

$$[y_{i,k,j} \rightarrow y_{i,k-1,j}]_0^\alpha, \quad [y'_{i,k,j} \rightarrow y'_{i,k-1,j}]_0^\alpha \quad \alpha \in \{+, -\}, 1 \leq i \leq m, 2 \leq k \leq j \leq 2n$$
$$[r_{i,j} \rightarrow r_{i,j+1}]_0^\alpha \quad \alpha \in \{+, -\}, 1 \leq i \leq m, 1 \leq j \leq 2n - 1$$

と同時に，ほかのオブジェクトは添え字が調整される．y, y' の 3 つの添え字はこのためだった．最後に一般膜の分裂，

$$[[\,]_e^+[\,]_e^-]_a^0 \rightarrow [[\,]_e^0]_a^+[[\,]_e^0]_a^-$$
$$[[\,]_a^+[\,]_a^-]_e^0 \rightarrow [[\,]_a^0]_e^+[[\,]_a^0]_e^-$$
$$[[\,]_0^+[\,]_0^-]_e^0 \rightarrow [[\,]_0^0]_e^+[[\,]_0^0]_e^-$$

により，a と e の膜は分裂する．3 行目の規則により，まず，一番内側の e の膜が分裂する．このとき膜 0 は電荷が中立に戻っている．膜の分裂は外側に波及していき，$4n$ ステップ目には皮膜（1 の膜）のすぐ内側の a の膜が分裂する．その膜は電荷が中立に戻らないので，1 回だけ分裂する．それより内側の膜は複数回分裂する．分裂の結果図 5.1 で示す多重入れ子の膜構造ができる．

2. $4n$ ステップで膜の分裂は終了し，真理値の計算段階に進む．このとき膜 0（2^{2n} 個ある）の電荷は中立になっている．そこで，

$$[c_{2n} \rightarrow d_1]_0^0$$

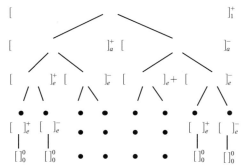

図 5.1 $\Pi\langle n, m\rangle$ が作る膜構造．一番上が皮膜で下へ行くほど内側になる．実線は上の膜の中に下の膜たちが入っていることを示す．黒丸はそこに多くの省略があることを物語る．

により真理値を調べるオブジェクト d_1 が出現する．$r_{1,2n}, r_{2,2n}, \ldots, r_{m,2n}$ すべてがそろって中にある 0 の膜は真の値に対応する[6]．それを行うため，まず，

$$[r_{1,2n}]_0^0 \to [\ ]_0^- r_{1,2n}$$

で $r_{1,2n}$ が外に出て，次に，

$$[d_i \to d_{i+1}]_0^-, \quad [r_{k,2n} \to r_{k-1,2n}]_0^- \quad 1 \leq k < m$$
$$r_{1,2n}[\ ]_0^- \to [r_{0,2n}]_0^0$$

が使われる．d の添え字が増えるのは $r_{1,2n}$ が存在するときだけで，同時に $r_{k,2n}$ は k の位置の添え字が減り，膜 0 の電荷は中立に戻る．$r_{0,2n}$ は以後変化しない．以上の規則に基づく動作で d_{m+1} が出現した膜 0 は真の値となる真理値割り当てであることがわかる．これを，

$$[d_{m+1}]_0^0 \to [\ ]_0^0 t$$

によりオブジェクト t を出すことにより示す．

次は存在と全称の限量子に対応する膜で，限量子の意味どおりの真理値か

---

6) この「真の値」は，その膜に対応する真理値割り当てについて真ということで，与えられた QBF が真とはまだ言えない．限量子に対応した真理値を後ほど検査する．

確かめていく．膜のラベル e は存在，a は全称限量子に対応している．膜構造の内側は入力の式の左の限量子，外側は右の限量子に対応する．一番内側で 0 の膜を直接包んでいる e の膜を除いて，a か e の膜はふたつの膜を中に持つ．e の膜ではひとつでも真になる真理値割り当てがあれば，限量子付きでも真になるから

$$[t]_e^\alpha \to [\ ]_e^\alpha t \quad \alpha \in \{+, -\}$$

により真であることを示す．a の膜はどんな真理値割り当てに対しても真でないと真とは言えないので，

$$[t]_a^\alpha \to [\ ]_a^0 s \quad \alpha \in \{+, -\}, \quad [t]_a^0 \to [\ ]_a^0 t$$

により中にあるふたつの膜の両方から t が出てきたときだけ t を出す．ここで s は以後不要になるオブジェクトである．上の規則は 2 ステップの変化，

$$[t^2]_a^\alpha \to [t]_a^0 s \to [\ ]_a^0 ts$$

をもたらすことに注意する．

3. オブジェクト t が皮膜まで来ると入力の QBF が真であることがわかる．よって，

$$[t]_1^+ \to [\ ]_1^0 \text{yes}$$

により yes を出力する．そうでないことは，(i), (ii) 段階のステップ数を数えて，そのステップが経過しても t が出現しないことによってわかる．ステップ数は，

$$[f_i \to f_{i-1}]_1^+ \quad 1 \le i \le 7n + 2m + 4$$

により数える．$7n + 2m + 4$ ステップ後には f_0 が出ている．それまでに t が来れば電荷は中立になり f_0 は出ない．そうでなければ皮膜の電荷は $+$ のままである．したがって，

$$[f_0]_1^+ \to [\ ]_1^+ \text{no}$$

98   第5章 膜計算の可能性——並列性を生かす

により QBF が偽であることが出力できる.

　規則の詳細説明をこれで終える. ここで, 計算量にも関わることなので, ステップ数を確認しておこう. 膜の分裂は $4n$ ステップかかる. 分裂から検証に移るとき1ステップかかる. 検証は, それぞれの真理値割り当てに対する部分（膜0の中）で $2m$ ステップ, 存在・全称限量子に関わる部分（e と a の膜）へ移るのに1ステップ, a の膜はひとつ当たり2ステップ, e の膜はひとつ当たり1ステップで, a の膜 e の膜はそれぞれ n 個ずつあるから, 合計 $2m + 3n + 1$ ステップとなる. t を yes に変えて出力するのは1ステップで, ここまでの総ステップ数は $7n + 2m + 3$ になる. no が出るのは次のステップで f_0 ができ, その次になるから $7n + 2m + 5$ ステップとなる.

　以上により, $n + m$ の定数倍時間の一様 P システム $\Pi\langle n, m\rangle$ が存在することが示された.   □

　定理 5.1 では与えられたブール式中の変数の数の多項式時間, 定理 5.2 では変数の数と節の数の定数倍と, 表現は異なるが時間計算量に関する本質は同じであり, 定理 5.1 でも変数の数と節の数の定数倍である. ただ, 3CNF では節の数は変数の数の3乗になるので変数の数だけ用いて計算量を示してある. 定理 5.2 では入力は任意の CNF になり, 節の数を変数の数の多項式関数で抑えられない[7]. それで節の数も入力の長さに入れてある.

　また, 定理 5.1 の証明のあとのコメントと同じく, この定理も $P \neq PSPACE?$, $NP \neq PSAPCE?$ 問題の解決にはならない.

　この節の結果は A. Alhazov ほかの論文 [1] を引用した.

7）　変数 $x_1, \ldots, x_n$ に対し, 肯定で出現する場合だけに限定しても変数1個からなる節は n, 2個からなる節は $\binom{n}{2}$, i 個では $\binom{n}{i}$ 存在する. 合計は $\sum_{i=1}^{n} \binom{n}{i} = 2^n - 1$ となる.

5.4 $\mathcal{PSPACE}$ 完全問題を多項式時間で解く 99

ここでは，入力の大きさ n の指数関数個 (2^n) の可能な解の候補が存在し，その中に条件を満たすものが存在するか判定する問題の中で，今のところ n の多項式時間で解く方法が知られていない問題を扱った．膜を分裂させ，領域を倍々に増やし，それぞれの領域に可能な解の候補をひとつずつ配する，P システムはこのような計算を原理的に行うことができ，n の多項式時間で解くことができる．もし，何らかの方法で実際に膜の数を倍々に増やすことができれば「原理的」が「実際の計算」になる．だが，それはまだ将来の夢物語である．

第6章　組織Pシステムとスパイキング
ニューラルPシステム

この章では細胞の集団，特に神経細胞の集まりを細胞膜の機能を生かして抽象化したモデルを紹介する．すなわち，複数の細胞とそれらの間のオブジェクト伝送のチャネルがあるシステムを定め，オブジェクトの変化，チャネルを通した伝送で計算を行う．ある機能を果たす細胞の集団は組織だから，組織Pシステムと呼ぶ．その中で神経回路に特有の性質—シナプスを介したインパルスの伝達，インパルスを出すタイミングにも意味がある—を表現するモデルは特にスパイキングニューラルPシステムとなる．この範疇に入るPシステムにも多くの種類があり，それぞれについて多彩な研究が行われている．その中で，ここでは少数の細胞からなる組織Pシステムでも十分強力で，計算万能性を持つことを中心に述べる．

6.1　細胞膜によるコミュニケーション

これまでの章で，膜で外界と区切られた細胞と細胞内小器官，タンパク質・核酸その他の分子の反応を抽象化すれば多彩な計算モデルを構築でき，多様な能力を発揮することを見てきた．しかし，細胞膜はただのしきりではなく，ほかの細胞や外界との物質・情報のやりとりの場にもなっている（図6.1）．膜に埋め込まれたチャネルやポンプを通して特定の分子を取り入れたり出したりすることに加えて，膜が融合あるいはくびれて小胞が生じることによる分泌，貪食作用は物質のやりとりである．膜に埋め込まれた受容

102　第 6 章　組織 P システムとスパイキングニューラル P システム

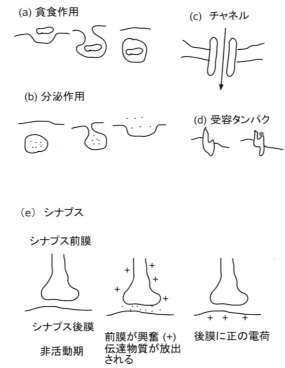

図 6.1　細胞膜を通じた物質・情報の伝達の例．(a) は貪食作用で膜の一部がくびれて外界から（サイズの大きな）ものを取り入れる．(b) は分泌作用で分泌物質を含んだ小胞が外側の膜と融合して内容物を放出する．(c) はチャネルで外界あるいはとなりの細胞と特定の分子をやりとりする．(d) は膜に埋め込まれた受容タンパク（左）で特定の分子と結合して状態が変わる（右）．(e) はシナプスにおける電気化学的反応を示す．

タンパクに特定の分子が結合するのは情報のやりとりの一例である．ほかに，光，圧力，振動，温度，電位など物理的刺激による情報の検出や伝達がある．このような細胞集団が膜を通じて通信することをモデル化して組織 P システムを作る．

図 6.1 の機能の中で，シナプスは貪食作用を除く 3 つの機能が組み合わさって実現している．膜が興奮するのはナトリウムイオンチャネルの透過性が変化して，ナトリウムイオンが細胞外から中に入るからである．伝達物質が入った小胞がシナプス前膜と融合することにより，伝達物質が放出される．

放出された伝達物質は後膜にある受容タンパクと結合し，それにより後膜のナトリウムイオンチャネルは透過性が変化する．後膜の電位変化がある閾値を超えると神経細胞の発火，インパルスの発生になる．以上の機能を大きな視点で見れば，シナプスの前にある神経細胞から後ろにある神経細胞にインパルスを伝達することになる．このシナプスによるインパルスの伝達に注目したのがスパイキングニューラル P システムである．

　組織 P システムは細胞集団という点ではセルオートマトンと発想を同じくしている．特に単位オートマトン（セル）を任意のネットワークに配置できるポリオートマトンに似ていなくもない．しかし，組織 P システムではオブジェクトの多重集合を扱うこと，細胞間の伝送機能をモデルの主要機能として取り上げること，細胞ごとに異なる遷移規則をもってよいこと，が新しい発想である．その結果，少数の細胞で計算万能性を持つなど，セル・ポリオートマトンとは異なる計算モデルになっている．

　以下の節では，オブジェクトの変化と変化後のオブジェクトの移動により計算を行う変化型組織 P システム，チャネルを通した共輸送・交換輸送により計算する輸送型組織 P システム，それと神経回路に特化したスパイキングニューラル P システムを取り上げる．

6.2　変化型組織 P システム（定義と例）

　この節では変化型の組織 P システムを定義する．

〈定義 6.1：変化型組織 P システム〉 m 個の細胞からなる**組織** (tissue) P システム（tP システムと略す）は，構造，

$$\Pi = (O, \sigma_1, \ldots, \sigma_m, syn, i_{out})$$

である．ここで，

1. O はオブジェクトの空でない有限集合.
2. $syn \in \{1, \ldots, m\} \times \{1, \ldots, m\}$ は細胞間の**チャネル** (channel) の集合[1].

---

1)　組織 P システムを最初に提唱した著者たちはシナプス (synapse) という名称が好きらしく，チャネルではなくシナプスと命名し，略称 syn を用いた．変化型や輸送型組織 P システムにおいては，生物学的見地からはチャネルと呼ぶほうがふさわしい．

104   第6章　組織 P システムとスパイキングニューラル P システム

3. $i_{out} \in \{1, \ldots, m\}$ は出力細胞 (output cell).

4. $\sigma_1, \ldots, \sigma_m$ は次の構成を持つ細胞 (cell).

$$\sigma_i = (Q_i, s_{i,0}, w_{i,0}, P_i) \quad 1 \le i \le m$$

である．それぞれの要素の意味は以下に示すとおりである．

a. Q_i は状態 (state) の有限集合.

b. $s_{i,0} \in Q_i$ は初期状態 (initial state).

c. $w_{i,0} \in O^*$ は（文字列表記した）初期多重集合 (initial multiset).

d. P_i は規則 (rule) の有限集合．規則は $sw \rightarrow s'xy_{go}z_{out}$ の形をしている．ここで，$s, s' \in Q_i, w, x \in O^*, y_{go} \in (O \times \{go\})^*, z_{out} \in (O \times \{out\})^*$，ただし，出力細胞以外 $(i \neq i_{out})$ では $z_{out} = \lambda^{2)}$.

Π の様相 (configuration) は $(s_1 w_1, \ldots, s_m w_m)$ の形をした m 項組である．ここで，任意の $i \in \{1, \ldots, m\}$ について $s_i \in Q_i$ かつ $w_i \in O^*$ である．細胞は状態（Q_i の要素）を持っていることに注意する．初期様相 (initial configuration) は $(s_{1,0} w_{1,0}, \ldots, s_{m,0} w_{m,0})$ となる．

規則の左辺にオブジェクトがひとつだけのとき（左辺を sw として，w がひとつのオブジェクト），非コーポレーション (non-cooperation) と言う．ふたつ以上のオブジェクトがあるのはコーポレーション (cooperation) である．すべての細胞のすべての規則が非コーポレーションであるシステムは非コーポレーション型であり，コーポレーション規則をひとつでも持つシステムはコーポレーション型である．

P_i $(1 \le i \le m)$ に属する規則は様相を変化させる，つまり，計算する主体であるが，いろいろな規則の使い方が考えられる．規則の逐次・並列適用と，規則の適用によって生じたオブジェクトの移動法，それぞれについて 3 通りずつの方式を定める．

逐次・並列に関しては，逐次 (minimal, min), 並列 (parallel, par), 極大 (maximal, max) の 3 方式がある．それぞれ次により定義される（$s, s' \in Q_i, x \in O^* y \in O^*$，ただし，いくつかのオブジェクトには go, out が付いていて

---

2)　つまり，z_{out} はシステムが出す出力である．

もよい).

逐次型では $sx \Rightarrow_{min} s'y$ となるのは $sw \to s'w' \in P_i, w \subseteq x, y = (x - w) \cup w'$ のとき, およびそのときに限る. つまり, ひとつの規則を非決定的に選んで適用する.

並列型では $sw \Rightarrow_{par} s'y$ となるのは $sw \to s'w' \in P_i$ が存在して, $w^k \subseteq x$, $w^{k+1} \nsubseteq x, y = (x - w^k) \cup w'^k$ のとき, およびそのときに限る. つまり, 規則 $sw \to s'w'$ を k 回並列的に適用する.

極大型では, $sx \Rightarrow_{max} s'y$ となるのはある $k \geq 1$ について規則,

$$sw_1 \to s'w'_1 \in P_i, \ldots, sw_k \to s'w'_k \in P_i$$

が存在して,

$$w_1 \cdots w_k \subseteq x, y = (x - w_1 \cdots w_k) \cup w'_1 \cdots w'_k$$

かつ, これらの規則以外のどの規則 $sw \to s'w' \in P_i$ についても,

$$w_1 \cdots w_k w \nsubseteq x$$

であるとき, およびそのときに限る. これまでおなじみの非決定的極大方式なのであるが, 左辺と右辺の状態がそろっている規則の中から極大な組合せを選んでいる.

ある細胞 σ_i の状態と多重集合の組 sx ($s \in Q_i$, $x \in O^*$) に使える規則がない, つまりどの $sw \to s'w' \in P_i$ についても $w \nsubseteq x$ であるとき, 変化しない遷移 $sx \Rightarrow_\alpha sx$ ($\alpha \in \{min, par, max\}$) をすると見なす.

規則の右辺にある (a, go) の形をしたオブジェクトは分配・移動を指示する. これには複製 (reproduce, repl), 単一 (one), 分散 (spread) の3方式がある. 以下の説明では a は細胞 σ_i で使われた規則の右辺に (a, go) の形で出たオブジェクトで, σ_j は $(i, j) \in syn$ である (i とチャネルでつながっている) 細胞である (そのような細胞は複数あってよい).

複製：a は複製され, すべての σ_j へ行く.

単一：ひとつの σ_j を非決定的に選んで, そこへ行く. *par* や *max* で規則

が使われるときは，まず使えるだけ規則を使い，右辺のオブジェクト a をまとめてひとつの細胞へ送る．

分散：右辺のオブジェクト a は非決定的に分配され，σ_j に送られる．

出力の細胞 $\sigma_{i_{out}}$ で (a, out) として出現したオブジェクト a は出力となるので，システムからは消える．

これまで同様，規則の適用はすべての細胞で同期している．システム全体について逐次，並列，極大の変化のいずれかと，複製，単一，分散の移動のいずれかを使うと決める．すべての細胞で決まった方法により変化規則を当てはめ，次に規則の右辺に出たオブジェクトを決まった移動法によりほかの細胞（と出力）に動かして新しい様相が得られる．

初期様相から得られる様相の系列を Π の**計算** (computation) と呼ぶ．ある様相でどの細胞においてもどの規則も使えないとき，その様相は**停止** (halting) 様相である．停止様相で終わる計算において出力細胞から出たオブジェクトをすべて集めた多重集合を z とする．z のオブジェクトごとの個数からなるベクトル $\psi_O(z)$ が，Π が生成する出力である．Π の動作は非決定的であるから出力も多数ある（無限にあってもよい）．

Π が生成するすべてのベクトルを記述する際，どの変化と移動の方式により生成されたかも明示する．よって $Ps_{\alpha,\beta}(\Pi)$（ただし $\alpha \in \{min, par, max\}$，$\beta \in \{repl, one, spread\}$）により Π が α の変化方式，β の移動方式により生成するすべてのベクトルの集合とする．tP システムが生成する集合の族を考えるとき，区別すべきタイプは，規則がコーポレーション型か非コーポレーション型か，変化の3方式，移動の3方式の組合せとなり，全部で18通りになる．これを $PstP_{m,r}(\gamma, \alpha, \beta)$，$\gamma \in \{coo, ncoo\}$，$\alpha \in \{min, par, max\}$，$\beta \in \{repl, one, spread\}$ として表す．$\gamma = coo$ はコーポレーション型，$\gamma = ncoo$ は非コーポレーション型を示し，m は細胞の数の上限，r は状態の数の上限である $(1 \leq m, 1 \leq r)$．細胞の数，状態の数に上限を設けないときは，それぞれ $*$ で置き換える．〈定義 6.1 終わり〉

この定義は多少込み入っていたので，次の例が役に立つと思われる．

〈**例** 6.1：単純な例〉3細胞からなる tP システム，

6.2 変化型組織 P システム（定義と例）

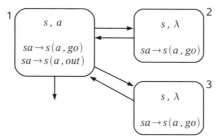

図 6.2 簡単な組織 P システムの模式図．説明は本文参照

$$\Pi_1 = (\{a\}, \sigma_1, \sigma_2, \sigma_3, syn, 1)$$
$$\sigma_1 = (\{s\}, s, a, \{sa \to s(a, go), sa \to s(a, out)\})$$
$$\sigma_2 = (\{s\}, s, \lambda, \{sa \to s(a, go)\})$$
$$\sigma_3 = (\{s\}, s, \lambda, \{sa \to s(a, go)\})$$
$$syn = \{(1, 2), (1, 3), (2, 1), (3, 1)\}$$

を考える．図 6.2 に模式図を示す．この図において，マルは細胞でその中に初期状態（全部 s），初期多重集合，規則が記入されている．矢印はチャネルであり，細胞 1 から外に向いている矢印は出力を表す．

このシステムが生成するベクトル（と言ってもオブジェクトが 1 種類だから 1 次元である）の集合は，

$$Ps_{min,repl}(\Pi) = \{(n) \mid n \geq 1\}$$
$$Ps_{par,repl}(\Pi) = \{(2^n) \mid n \geq 0\}$$
$$Ps_{max,repl}(\Pi) = \{(n) \mid n \geq 1\}$$
$$Ps_{\alpha,\beta}(\Pi) = \{(1)\} \quad \alpha \in \{min, par, max\}, \beta \in \{one, spread\}$$

となる．なぜなら，移動が *one* か *spread* のときは，最初細胞 1 に 1 個ある a はそれ以上増えようがない．$sa \to s(a, out)$ が使われるとシステム中の a がなくなり停止する．よって出力は 1 だけである．移動が *repl* のときは，細胞 1 で $sa \to (a, go)$ によりできた a は複製されて細胞 2, 3 へ行く．次のステップで 2 個の a が細胞 1 に戻る．変化が *min* だと，細胞 1 で a を 1 個ず

108   第6章 組織PシステムとスパイキングニューラルPシステム

つ増やすか（細胞 2, 3 への移動を含めると増えている）, a を 1 個出力するか, いずれかなので 1 以上の任意の数の a が出力される. 変化が par だと, $sa \to s(a, go)$ を選べば a の数は 2 倍になり, $sa \to s(a, out)$ を選べばすべての a は出力されて停止する. よって a の数は倍々に増え, 出力は 2^n $(n \geq 0)$ ($n = 0$ は最初に a を出力して停止する）となる. 変化が max のときは $sa \to s(a, go)$ と $sa \to s(a, out)$ を混ぜて使うことができるので, システム内の a の数が任意になる. よって 1 以上の任意の数が出力される. 〈 例 6.1 終わり 〉

次の例は, より工夫された規則を持っている.

〈 **例** 6.2：複雑な例 〉 2 細胞の tP システム,

$$\Pi_2 = (\{a, a', b, b', c, c', Z\}, \sigma_1, \sigma_2, \{(1, 2), (2, 1)\}, 1)$$

$$\sigma_1 = (\{s, s', s'', s''', s^{iv}, s^v, t\}, s, a,$$

$$\{sa \to saa(b, go),$$

$$sa \to s'aa(b, go)(b, go)(c, go),$$

$$s'b \to s'',$$

$$s''a \to s''a'(a, out),$$

$$s''a \to s'''a'(a, out)(c', go),$$

$$s'' \to s'',$$

$$s'''a \to tZ,$$

$$s'''b' \to s^{iv},$$

$$s^{iv}a' \to s^{iv}a(a, out),$$

$$s^{iv}a' \to s^v a(a, out)(c, go),$$

$$s^{iv} \to s^{iv},$$

$$s^v a' \to tZ,$$

$$s^v b \to s'',$$

$$tZ \to tZ\}),$$

$$\sigma_2 = (\{s, s', s''\}, s, \lambda,$$

$$\{sc \rightarrow s',$$
$$s'b \rightarrow s(b, go),$$
$$sc' \rightarrow s'',$$
$$s''b \rightarrow s(b', go)\})$$

まず，細胞 1, 2 ともにオブジェクトの送り先はひとつだけであることに注意する．すると移動における複製，単一，分散の違いがなくなる．

規則の並列適用の場合を考える．このときは細胞 1 に a が 2^n $(n \geq 1)$ ができ，細胞 2 にそれなりの個数の b が送られる．σ_1 の状態が s' になると，この a の増殖は止まり，σ_2 に c が送られる．σ_2 では状態が s' になり，次にまた s に戻るとともにすべての b を σ_1 に送り返す．σ_1 では状態 s' で 2 ステップ待ち，b が戻ってくると（b をすべて消して）状態が s'' になる．s'' はすべての a を出力するのであるが，$s''a \rightarrow s''a'(a, out)$ を使うと，その後規則 $s'' \rightarrow s''$ により停止しない．$s''a \rightarrow s'''a'(a, out)(c', go)$ を使うと，細胞 1 では状態 s''' にオブジェクト a' が何個かで使える規則がなくなる．細胞 2 では $sc' \rightarrow s''$ により状態 s'' になり，b が存在しないのでそこで停止する．というわけで，

$$Ps_{par, \beta}(\Pi_2) = \{(2^n) \,|\, n \geq 1\} \quad \beta \in \{repl, one, spread\}$$

となる．

次に規則の極大適用を検討する．同時に適用できる異なる規則の組は，σ_1 の $(s''a \rightarrow s''a'(a, out), s'' \rightarrow s'')$ だけである．しかし，$s'' \rightarrow s''$ は何の変化も起こさないので，$s''a \rightarrow s''a'(a, out)$ か $s''a \rightarrow s'''a'(a, out)(c, go)$ によって a がすべて出力されるまでこれらの規則が使われる．その際，s'' が残れば失敗，s''' が残れば成功になるのは並列のときと同じである．したがって，生成する集合は並列のときと同じである．

最小適用ではもっと興味深い振る舞いが見られる．まず，細胞 1 で a が 1 個ずつ増えていき，n 個 $(n \geq 2)$ になると同時に同じ数の b が細胞 2 に送られる．$sa \rightarrow s'aa(b, go)(b, go)(c, go)$ が使われると次の段階になる．

110　第 6 章　組織 P システムとスパイキングニューラル P システム

細胞 2 は c が来ると，b を 1 個細胞 1 に送る．細胞 1 は b が来ると，状態が s' から s'' になる．s'' が左辺にある規則のうち，$s'' \rightarrow s''$ は際限なく適用できるのであるが，停止する計算では $s''a \rightarrow s''a'(a, out)$ か $s''a \rightarrow s'''a'(a, out)(c, go)$ を使って a を減らすとともに状態が s''' になるはずである．a が残っているうちに後者の規則で s''' が出現すると，$s'''a \rightarrow tZ$ により失敗状態 t とともに失敗オブジェクト Z が出て停止しない．よって a をすべて出力し，出力した a と同数の a' ができ，細胞 2 に c' を送って状態 s''' になるのが成功する計算である．

次に細胞 2 では c' を消して b' を細胞 1 に送る．細胞 1 に来た b' は状態を s''' から s^{iv} にする．s^{iv} は規則 $s^{iv}a' \rightarrow s^{iv}a(a, out)$ により a' を a に変えるとともに（複製して）出力する．最後の 1 個の a' は規則 $s^{iv}a' \rightarrow s^{v}a(a, out)(c, go)$ により出力され，状態が s^{v} になると計算は成功へ続く．そうでないと $s^{iv} \rightarrow s^{iv}$ か $s^{v}a' \rightarrow tZ$ により停止しない．細胞 2 に c が送られると b が細胞 1 に返って来る．細胞 1 では規則 $s^{v}b \rightarrow s''$ により状態 s'' になり，また a を出力する．

これまでの変化では，細胞 2 の b をひとつ消費するごとに細胞 1 にあった a をすべて，つまり n 個出力している．b の数も n だから，n 個出力を n 回繰り返すことになり，a が n^2 個出力される．b がなくなると停止する．よって生成される集合は，

$$Ps_{min,\beta}(\Pi_2) = \{(n^2) \mid n \geq 2\} \quad \beta \in \{repl, one, spread\}$$

となる．〈例 6.2 終わり〉

6.3　変化型組織 P システム（生成能力）

前節の例から予想されるとおり，tP システムは強力な生成能力を持つ．ふたつの細胞と 5 状態があれば，非コーポレーション型逐次適用 tP システムは計算万能になる．

定理 6.1　すべての $\gamma \in \{coo, ncoo\}$, $\beta \in \{repl, one, spread\}$ について $PsRE = PstP_{2,5}(\gamma, min, \beta)$ である．

証明　例によって $PsRE \subseteq PstP_{2,5}(\gamma, min, \beta)$ を示す．逆方向の包含関係はチ

ャーチ・チューリングの提唱による.

　出現検査付きマトリクス文法は任意の帰納的可算言語を生成できるから,
任意のマトリクス文法 $G = (N, T, S, M, F)$ が生成するパリック集合を生成
する tP システムを構成する. G はバイナリ標準形と仮定してよい. つまり,
$N = N_1 \cup N_2 \cup \{S, \sharp\}$（$N_1, N_2, \{S, \sharp\}$ は互いに素）となっており, 任意のマト
リクスは $(X \to \alpha, A \to x)$, $X \in N_1$, $\alpha \in N_1 \cup \{\lambda\}$, $A \in N_2$, $x \in (N_2 \cup T)^*$ ある
いは $(X \to Y, B^{(j)} \to \sharp)$, $j = 1, 2$, $X, Y \in N_1$, $B^{(j)} \in N_2$ の形をしている. 後者
は出現検査のマトリクス（$B^{(j)}$ があると導出が失敗する）で, それに関わる
非終端記号は $B^{(1)}$ と $B^{(2)}$ である. lab_1, lab_2 をそれぞれ, $B^{(1)}, B^{(2)}$ が左辺にあ
るマトリクスのラベルとする. 出現検査でないマトリクス $((X \to \alpha, A \to x)$,
$x \in (N_2 \cup T)^*)$ は全部で k あり, 1 から k の番号が付いているとする. マトリ
クスの名前 $lab_1, lab_2, \{1, \dots, k\}$ はすべて異なるとする.

　以上の準備の下に tP システム $\Pi = (O, \sigma_1, \sigma_2, 2)$ を構成する. ここで,

$O = N_1 \cup N_2 \cup T \cup \{H, Z\}$

$\quad \cup \{X_{i,j} \mid X \in N_1, 1 \le i \le k, 0 \le j \le k\}$

$\quad \cup \{A_{i,j} \mid A \in N_2, 1 \le i \le k, 0 \le j \le k\}$

$\sigma_1 = (\{s, s', s_f, s_1, s_2\}, s, XA,$

$\quad \{sX \to s'(X_{i,i}, go), s'A \to s(A_{i,i}, go) \mid i(1 \le i \le k)$ はマトリクス

$\qquad (X \to \alpha, A \to x)$ のラベル $\}$

$\quad \cup \{sX_{i,0} \to sY \mid i(1 \le i \le k)$ はマトリクス $(X \to Y, A \to x)$ のラベル $\}$

$\quad \cup \{sX_{i,0} \to s_f \mid i(1 \le i \le k)$ はマトリクス $(X \to \lambda, A \to x)$ のラベル $\}$

$\quad \cup \{s_f D \to s_f D \mid D \in N_2 \cup \{Z\}\}$

$\quad \cup \{sX \to s_j Y(H, go), s_j B^{(j)} \to s_f Z, s_j H \to s \mid j = 1, 2, (X \to Y, B^{(j)} \to \sharp)$ は

$\qquad lab_j$ に属するマトリクス $\}$

$\quad \cup \{s \to s, s' \to s'\})$

$\sigma_2 = (\{s, s', s''\}, s, \lambda,$

$$\{sX_{i,j} \to s'X_{i,j-1} \mid X \in N_1, 1 \le i \le k, 2 \le j \le k\}$$

$$\cup \{s'A_{i,j} \to sA_{i,j-1} \mid A \in N_2, 1 \le i \le k, 2 \le j \le k\}$$

$$\cup \{sX_{i,1} \to s''(X_{i,0}, go) \mid X \in N_1, 1 \le i \le k\}$$

$$\cup \{s''A_{i,1} \to s(z, go)(y, out) \mid i(1 \le i \le k) \text{ はマトリクス } (X \to \alpha, A \to x)$$
$$\text{のラベル, } x = zy, z \in N_2^*, y \in T^*\}$$

$$\cup \{s''A_{i,j} \to s''Z \mid A \in N_2, 1 \le i \le k, 2 \le j \le k\}$$

$$\cup \{s'A_{i,1} \to s''Z \mid A \in N_2, 1 \le i \le k\}$$

$$\cup \{s''Z \to s''Z, sH \to s(H, go)\})$$

であり，σ_1 の初期多重集合 XA は文法の開始記号に対するマトリクス $(S \to XA)$ に対応している．(z, go) は $(A_1, go) \cdots (A_n, go)$ の省略形，ただし $z = A_1 \cdots A_n$ である．(y, out) も同様の省略形である．チャネルは，

$$syn = \{(1, 2), (2, 1)\}$$

である（つまり，ふたつの細胞は相互につながっている）．

では動作を見ていこう．σ_1 では状態が s か s' だと $s \to s$ あるいは $s' \to s'$ がいつでも使えるが，これらの規則は何も変化をもたらさない．$sX \to s'(X_{i,i}, go)$ と次に $s'A \to s(A_{j,j}, go)$ を使うと $X_{i,i}, A_{j,j}$ が σ_2 に送られる．そのあとは N_1 に属するオブジェクトがないので $s \to s$ で待つことになる．σ_2 では $X_{i,i}, A_{j,j}$ の 2 番目の添え字が同期して 1 ずつ減っていく．1 になると新たな変化が起きるが，3 つの場合を考慮する必要がある．

場合 1：$i < j$ のとき．σ_2 で $sX_{i,1} \to s''(X_{i,0}, go)$ が使われる．次に $l \ge 2$ となるいずれかの l について $s''A_{j,l} \to s''Z$ が使われ，停止しなくなる（$s''Z \to s''Z$ のため）．

場合 2：$i > j$ のとき．σ_2 で $s'A_{j,1} \to s''Z$ が使われ，次に使用可能な規則は $s''Z \to s''Z$ だけである．このときも停止しない．

場合 3：$i = j$ のとき．σ_2 で $sX_{i,1} \to s''(X_{i,0}, go)$ の次に $s''A_{i,1} \to s(z, go)(y, out)$ が使われる．これらの規則により状態は s になり，σ_1 に $X_{i,0}$ が送られ

る．σ_1 では $sX_{i,0} \to Y$（i 番目のマトリクス $(X \to Y, A \to x)$ に対応する規則）により $X_{i,0}$ は Y になる．これによりマトリクス $(X \to Y, A \to x)$ の模倣は終了し，σ_1, σ_2 ともに元の状態に戻る．このマトリクスが終了マトリクス $(X \to \lambda, A \to x)$ だと $sX_{i,0} \to s_f$ より状態 s_f になる．s_f は非終端記号が残っていないか調べ，もしあれば無限ループになる．

次に出現検査マトリクス $(X \to Y, B^{(j)} \to \sharp)$ $j \in \{1,2\}$ に対応する規則 $sX \to s_j Y(H, go)$ が使われるときを考えよう．次のステップで，σ_1 に $B^{(j)}$ が存在すれば $s_j B^{(j)} \to s_f Z$ により失敗記号 Z が出現し，停止しない．$B^{(j)}$ が存在しなければ σ_1 は 1 ステップ変化せずその間に σ_2 で $sH \to s(H, go)$ が使われ H が σ_1 に戻る．そうすると s_j は $s_j H \to s$ により s になる．よって出現検査も正しく模倣されることが示された．

以上により G のすべての導出は Π で模倣できることがわかり，よって Π の停止計算はすべて G の終端記号列の導出に対応している．つまり，$\Psi(L(G)) = Ps_{min,\beta}(\Pi)$ $(\beta \in \{repl, one, spread\})$ である．□

細胞の数をふたつ増やすと状態をひとつ減らすことができる．証明は省略する．

定理 6.2 すべての $\gamma \in \{coo, ncoo\}$, $\beta \in \{repl, one, spread\}$ について $PsRE = PstP_{4,4}(\gamma, min, \beta)$ である．

コーポレーション型規則を使うと，細胞・状態ともに 2 で計算万能性を持つ．これも証明は省略する．

定理 6.3 すべての $\alpha \in \{min, par, max\}$, $\beta \in \{repl, one, spread\}$ について $PsRE = PstP_{2,2}(coo, \alpha, \beta)$ である．

この節の結果は主に Carlos Martín-Vide ほかによる論文 [8] を引用した．次の節では輸送型組織 P システムを見ていこう．

6.4 輸送型組織 P システム（定義と例）

第 4 章で述べた，細胞を抽象化した輸送 P システムでは膜が輸送する主体であったが，組織 P システムでは細胞間のチャネル（好みによりシナプスと呼んでもいい）が主体になる．すなわちチャネルごとに規則の集合を持つ．また，生物ではチャネルの透過性が変化する現象が見られる．これを抽

114 第 6 章 組織 P システムとスパイキングニューラル P システム

象化してチャネルに状態を付与し，細胞 i と j の間のチャネル (i, j) が持つ
規則は $(s_1, x/y, s_2)$ という一般形にする．s_1, s_2 はチャネルの状態，x, y は交
換輸送されるオブジェクトの多重集合である．この規則は細胞 i に x が（部
分多重集合として）あり，細胞 j に y があり，かつチャネルの状態が s_1 の
とき適用可能である．実際に使われると x は j に移動し，y は i に移動する．
チャネルの状態は s_2 になる．それではこのような規則を持つ P システムを
定義しよう．

〈定義 6.2：輸送型組織 P システム〉位数 m の**輸送型組織 P システム** (com-
munication tissue P system) は構造，

$$\Pi = (O, T, K, w_1, \ldots, w_m, E, syn, (s_{(i,j)})_{(i,j) \in syn}, (R_{(i,j)})_{(i,j) \in syn}, i_o)$$

である．ここで，

1. O はオブジェクトの有限集合．
2. $T \subseteq O$ は終端オブジェクトの集合．
3. K はチャネルの状態の有限集合（O と K は共通部分があってもよい）．
4. $w_1, \ldots, w_m$ は O の上の多重集合でそれぞれ細胞 $1, \ldots, m$ の初期多重集合
   を示す．
5. $E \subseteq O$ は環境（0 番の細胞として表現する）に任意個存在するオブジェ
   クトの集合．
6. $syn \subseteq \{(i, j) \mid i, j \in \{0, 1, \ldots, m\}, i \neq j\}$，ただし任意の $i, j \in \{0, 1, \ldots, m\}$ につ
   いて (i, j) と (j, i) のうち高々ひとつだけ syn に属する[3] 条件を満たすチャ
   ネルの集合．交換輸送規則を用いるので (i, j) と (j, i) のうち，高々ひと
   つしか syn に入らないこの条件はオブジェクトを移動する上で制限には
   ならない．
7. $s_{(i,j)}$ （ただし $(i, j) \in syn$）はチャネル (i, j) の初期状態．
8. $R_{(i,j)}$ （ただし $(i, j) \in syn$）はチャネル (i, j) が持つ規則の有限集合．
9. $i_o \in \{1, \ldots, m\}$ は出力細胞．

---

3) つまり，$(i, j) \in syn$ なら $(j, i) \notin syn$，$(j, i) \in syn$ なら $(i, j) \notin syn$．$(i, j), (j, i)$ ともに syn に属さないこ
ともある．

である.

それぞれのチャネルにおいて規則は高々ひとつ適用される. 細胞 i に多重集合 w'_i, 細胞 j に多重集合 w'_j があり, $(i, j) \in syn$ (あるいは $(j, i) \in syn$) でその状態が s のとき, 規則 $(s, x/y, s') \in R_{(i,j)}$ (あるいは $(s, y/x, s') \in R_{(j,i)}$) ただし $x \subseteq w'_i$ かつ $y \subseteq w'_j$ であるもののうちひとつが非決定的に選ばれてチャネル (i, j) (あるいは (j, i)) に適用される. その後, 細胞 i の多重集合は $(w'_i - x) \cup y$, 細胞 j の多重集合は $(w'_j - y) \cup x$ になり, チャネルの状態は s' になる. 実際にはひとつの細胞がふたつ以上の細胞とチャネルを持つこともあるので, 移動するオブジェクトがチャネル間で競合することもある. その場合, オブジェクトを「取り合い」しない規則の組合せしか適用できない. あるチャネルで使える規則がないときは, オブジェクトの移動はないし状態も変化しない. すべてのチャネルで規則の適用は同期して並列に行われる.

各細胞に初期多重集合があり, 各チャネルはその初期状態である初期様相から計算が開始する. どのチャネルにおいても適用できる規則がないとき Π は停止する. そのとき出力細胞 i_o にある多重集合のうち, T の要素の個数からなるベクトルが Π の出力ベクトルである. そのようなベクトルの集合を $Ps(\Pi)$ で表し, Π の出力とする.

Π を特徴づけるパラメータとして, 位数 m に加えて, 規則の重み i (すべての規則 $(s, x/y, s')$ について $|x| \le i$ かつ $|y| \le i$ となる最小の整数), 状態の数 $k = |K|$ がある. 〈定義 6.2 終わり〉

位数 m 以下, 規則の重み i 以下, 状態の数 k 以下の輸送型組織 P システムが生成する集合のクラスを $PsOtP_m(state_k, anti_i)$ で表す. m, i, k のどれかに上限を決めないときは $*$ で置き換える. 計算能力の議論の前に簡単な例を紹介しよう.

〈例 6.3：3 細胞輸送型 tP システム〉次の tP システムを考える.

116 第6章 組織 P システムとスパイキングニューラル P システム

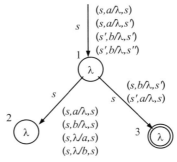

図 **6.3** 輸送型 tP システムの例

$\Pi_1 = (\{a, b\}, \{a, b\}, \{s, s', s''\}, \lambda, \lambda, \lambda, \{a, b\}, \{(0, 1), (1, 2), (1, 3)\}, (s, s, s),$
$(R_{(0,1)}, R_{(1,2)}, R_{(1,3)}), 3)$

$R_{(0,1)} = \{(s, a/\lambda, s), (s, a/\lambda, s'), (s', b/\lambda, s'), (s', b/\lambda, s'')\},$

$R_{(1,2)} = \{(s, a/\lambda, s), (s, b/\lambda, s), (s, \lambda/a, s), (s, \lambda/b, s)\},$

$R_{(1,3)} = \{(s, b/\lambda, s'), (s', a/\lambda, s)\}$

このシステムの各要素とそれらのつながりは図 6.3 を見るとわかりやすい．図では丸が細胞で，横にその番号，中に初期多重集合を示す．二重丸は出力細胞を示す．矢印はチャネルで，その初期状態と規則を横に示す．

システムの動作を追いかける．最初，細胞 1 はチャネル (0, 1) の状態が s である間，a を環境から取り入れる．n ($0 \le n$) 個取り入れたところでチャネルの状態が s' になるともう 1 個 a が入って b を取り入れることになる．b が m ($0 \le m$) 入ったところで状態が s'' になるともう 1 個 b が入って環境からの取り入れは終了する．チャネル (1,2) は a, b を細胞 1 と 2 の間で行ったり来たりさせているから，細胞 1 に a か b がある限り計算は続く．チャネル (1, 3) では b をひとつ細胞 3 に送ると次に a をひとつ細胞 3 に送る．細胞 1 に入った a と b の数が等しいあるいは b のほうが 1 個多い場合およびその場合に限り細胞 1 のオブジェクトがひとつもなくなり，計算が停止する．よって生成する集合は $Ps(\Pi) = \{(n, n) | n \ge 1\} \cup \{(n, n + 1) | n \ge 1\}$ となる．〈例 6.3 終わり〉

6.5 輸送型組織 P システム（生成能力）

この節では輸送型組織 P システムの生成能力を見ていく．まず位数 1（細胞の数 = 1）の輸送型 tP システムの能力を検証しよう．細胞の数が 1 だから第 4 章と同じ結果になるかというと，チャネルに状態を付け加えた分だけこの章のシステムは能力が上がっている．それを示すのが次の補題で，出現検査なしマトリクス文法が生成する言語をすべて包含する．

補題 6.4 $PsMAT^\lambda \subseteq PsOtP_1(state_*, anti_1)$

証明 $G = (N_1 \cup N_2 \cup \{S, f\}, T, S, M)$ を Z バイナリ標準形のマトリクス文法とする．最初に使われるマトリクスは $(S \to X_{init}A_{init})$ とする．次に示す位数 1 の輸送型 tP システムを構成する．

$$\Pi = (O, T, K, A_{init}\sharp, O, \{(0,1)\}, X_{init}, R_{(0,1)}, 1)$$

$$O = N_2 \cup T \cup \{\sharp\}$$

$$K = N_1 \cup \{Z\} \cup \{\langle X, \alpha \rangle \mid X \in N_1 \cup \{Z\}, \alpha \in N_2 \cup T\}$$

$$R_{(0,1)} = \{(X, \alpha/A, Y) \mid (X \to Y, A \to \alpha) \in M, X \in N_1, Y \in N_1 \cup \{Z\}$$

$$A \in N_2, \alpha \in N_2 \cup T \cup \{\lambda\}\}$$

$$\cup \{(X, \alpha_1/A, \langle Y, \alpha_2 \rangle), (\langle Y, \alpha_2 \rangle, \alpha_2/\lambda, Y) \mid (X \to Y, A \to \alpha_1\alpha_2) \in M$$

$$X \in N_1, Y \in N_1 \cup \{Z\}, A \in N_2, \alpha_1, \alpha_2 \in N_2 \cup T\}$$

$$\cup \{(Z, A/A, Z) \mid A \in N_2\} \cup \{Z, \lambda/\sharp, Z)\}$$

$$\cup \{(X, \sharp/\sharp, X) \mid X \in N_1\}$$

Π がマトリクス $(X \to Y, A \to x)$ をどうやって模倣するか見ていこう．x が 1 記号のときは（つまりマトリクス $(X \to Y, A \to \alpha)$, $\alpha \in N_2 \cup T \cup \{\lambda\}$ の模倣）規則 $(X, x/A, Y)$ によって 1 ステップで模倣される．$x = \alpha_1\alpha_2$ と 2 記号からなるときはふたつの規則 $(X, \alpha_1/A, \langle Y, \alpha_2 \rangle)$ と $(\langle Y, \alpha_2 \rangle, \alpha_2/\lambda, Y)$ により，一旦チャネルの状態を $\langle Y, \alpha_2 \rangle$ にすることより，重み 1 の規則のみで模倣できる．G における導出の終わりには Z が出現する．Π においても Z が出現し，非終端記号が残っているかどうかの検査に入る．非終端記号があれば $(Z, A/A, Z)$ により停止しない．そうでなければ $(Z, \lambda/\sharp, Z)$ により（はじめからあった）

♯を外に出して停止する．Z が出現しないうちは $(X, ♯/♯, X)$ により Π が停止することはない．以上により Π は G の導出すべて，およびそれのみを模倣することが示された． $\qquad\qquad\qquad\qquad\qquad\qquad\qquad\qquad\qquad\qquad\Box$

この補題と逆向きの包含関係も成立する．

補題 6.5 $PsOtP_1(state_*, anti_*) \subseteq PsMAT^\lambda$

証明 $\Pi = (O, T', K, w_1, E, \{(0, 1)\}, s_0, R_{(0,1)}, 1)$ を輸送型 tP システムとする．まずマトリクス文法 $G = (N, T, S, M)$ を構成する．ここで，

$$N = K \cup \{s' \mid s \in K\} \cup \{a' \mid a \in O\} \cup \{S\}$$
$$T = \{s'' \mid s \in K\} \cup O$$

であり，M に属するマトリクスは h を $a \in O$ を a' に写像する $(h(a) = a')$ 準同型として，

1. $(S \rightarrow s_0 h(w_1))$
2. 規則 $(s_1, x/\lambda, s_2) \in R_{(0,1)}$ に対して $(s_1 \rightarrow s_2 h(x))$.
3. 規則 $(s_1, \lambda/y, s_2) \in R_{(0,1)}$ ただし $y = y_1 \cdots y_k$ $(y_i \in O, 1 \leq k)$ に対して $(s_1 \rightarrow s_2, y'_1 \rightarrow \lambda, \ldots, y'_k \rightarrow \lambda)$.
4. 規則 $(s_1, x/y, s_2) \in R_{(0,1)}$ ただし $y = y_1 \cdots y_k$ $(y_i \in O, 1 \leq k)$ に対して $(s_1 \rightarrow s_2, y'_1 \rightarrow h(x), y'_2 \rightarrow \lambda, \ldots, y'_k \rightarrow \lambda)$.
5. すべての $s \in K$ に対して $(s \rightarrow s')$ および $(s' \rightarrow s'')$.
   すべての $s \in K, a \in O$ の組合せに対して $(s' \rightarrow s', a' \rightarrow a)$.

である．

文法 G はマトリクス 1 によりチャネル $(0, 1)$ の初期状態と細胞 1 の初期多重集合を作る．その後，K に属する非終端記号が存在する間は Π の規則をマトリクス $2, 3, 4$ を使って模倣する．5 の型のマトリクスは K に属する記号をダブルプライム付きにし，それまであった O に属する記号のプライムを取る．その結果，G の終端記号列になり，G の導出は終了する．

ここで次の正規言語，

$$L = \{s_1'' z_1 y z_2 \mid (s_1, x/y, s_2) \in R_{(0,1)}, y \neq \lambda, z_1, z_2 \in O^*\}$$

$$\cup \{s_1'' z \mid (s_1, x/\lambda, s_2) \in R_{(0,1)}, z \in O^*\}$$

を考える．この言語は Π の計算がまだ続く（適用できる規則がある）チャネルの状態と細胞1の多重集合を表す記号列の集合である．よって言語 L' $= \{s'' \mid s \in K\}O^* - L$ は Π の計算が停止する様相の集合に対応している．したがって，$L(G) \cap L'$ は Π の初期様相から出発して停止した様相を表す記号列の集合である．g を $g(a) = a \ (a \in T')$, $g(a) = \lambda \ (a \in T - T')$ で与えられる T の上の準同型とする．すると $Ps(\Pi) = \Psi_{T'}(g(L(G) \cap L'))$ が成立する．マトリクス言語の族は正規言語との共通集合および準同型写像について閉じているから $Ps(\Pi) \in PsMAT$ が示された． □

これらの補題をあわせれば次の定理が得られる．

定理 6.6 すべての $i \geq 1$ について $PsMAT^\lambda = PsOtP_1(state_*, anit_i)$ である．

1細胞1状態かつ重み1の交換輸送規則だけ使うと第4章で示したとおり有限集合しか生成できない．しかし，2細胞あれば次の定理のとおり計算万能性を持つ．

定理 6.7 すべての $i \geq 1$ および $m \geq 2$ について $PsRE = PsOtP_m(state_*, anti_i)$ である．

証明 $PsRE \subseteq PsOtP_2(state_*, anti_1)$ を示す．逆向きの包含関係はチャーチ・チューリングの提唱による．M を n 個のレジスタを持ち，そのうち k 個（レジスタ $1, \ldots, k$）が出力であり，残り（レジスタ $k+1, \ldots, n$）は作業用であるレジスタ機械とする．M の命令ラベルは g_1 から g_t で g_1 が最初の命令とする．M が生成する集合 $N(M) \subseteq \mathbb{N}^k$ を生成する次の tP システム Π を構成する．

120　第 6 章　組織 P システムとスパイキングニューラル P システム

$$\Pi = (O, T, K, \lambda, w_2, E, \{(0,1), (1,2), (0,2)\}, g_1, s, s, R_{(0,1)}, R_{(1,2)}, R_{(0,2)}, 1)$$

$$O = \{a_i \mid 1 \le i \le n\} \cup \{l, l', l'', l''', l^v \mid l \in \{g_1, \dots, g_t\}\}$$

$$T = \{a_i \mid 1 \le i \le k\}$$

$$K = \{s, s'\} \cup \{l, l'', l^{iv} \mid l \in \{g_1, \dots, g_t\}\}$$

$$w_2 = g_1' g_2' \cdots g_t'$$

$$E = O$$

規則は次のとおりである.

1. 加算命令 $l_1 : (\mathrm{ADD}(r), l_2, l_3)$ について $(l_1, a_r/\lambda, l_2)$ と $(l_1, a_r/\lambda, l_3)$ を $R_{(0,1)}$ に入れる. チャネル $(0,1)$ の状態を M が実行する命令のラベルに対応させれば, このふたつの規則が加算命令を忠実に実行することは明らかである.

2. 減算命令 $l_1 : (\mathrm{SUB}(r), l_2, l_3)$ について次の表で示される規則を $R_{(0,1)}$, $R_{(1,2)}$, $R_{(0,2)}$ に入れる. 表では, ステップごとにどの規則が使われることになるかを示している. 表中の [+] は減算できるとき (a_r が存在するとき) に使われる規則, [0] は減算できないときに使われる規則を示す.

ステップ	$R_{(0,1)}$	$R_{(1,2)}$	$R_{(0,2)}$
1	$(l_1, l_1/\lambda, l_1'')$	なし	なし
2	$(l_1'', l_1'''/\lambda, l_1^{iv})$	$(s, l_1/\lambda, l_1)$	なし
3	$(l_1^{iv}, l_1^v/l_1''', l_1^{iv})$	$(l_1, a_r/l_2', s')$ [+] なし [0]	$(s, l_2'/l_1, s)$
4	$(l_1^{iv}, \lambda/l_2', l_2)$ [+] なし [0]	$(s', l_1^v/\lambda, s)$ [+] $(l_1, l_1^v/l_3', s)$ [0]	なし
5	次の命令 [+] $(l_1^{iv}, \lambda/l_3', l_3)$ [0]	なし	$(s, l_3'/l_1^v, s)$

オブジェクト l_1 を細胞 1 に導入することから減算の模倣は始まる (ステップ 1). ステップ 2 では l_1 は細胞 2 へ行き, チャネルの状態が l_1 になる. 次に細胞 1 に a_r が存在すればチャネル $(1,2)$ を通って a_r が細胞 2

へ行き，（細胞 2 にはじめからあった）l'_2 が細胞 1 へ行く．同時にチャネル $(1,2)$ の状態は s' になる．a_r が存在しなければ変化しない．ただし，a_r が存在してもしなくても l_1 は出て l'_2 が細胞 2 に入る（ステップ 3）．ステップ 4 も a_r が存在したときとしないときで分かれる．存在すれば細胞 1 に l'_2 があるのでチャネル $(0,1)$ の状態が l_2 になり，同時に l'_1 が細胞 2 に入りチャネル $(1,2)$ の状態は s になる．存在しなければチャネル $(0,1)$ で使える規則はなく，チャネル $(1,2)$ を通して l'_1 が細胞 2 へ，細胞 2 の l'_3（はじめからあった）が細胞 1 へ行く．チャネル $(1,2)$ の状態は s になる．最後のステップでは，細胞 1 に a_r があった場合にはすでに減算は終了しているので（次の命令のラベル l_2 がチャネル $(0,1)$ の状態になっている），次の命令の模倣になる．a_r がなく減算できなかった場合は l'_3 が細胞 1 にあるのでこれを外に出し，チャネル $(0,1)$ の状態が l_3 になる．いずれの場合もチャネル $(0,2)$ を通して l'_3 が細胞 2 に入る．

3. 停止命令 l_h：HALT に対応する規則はない．するとチャネル $(0,1)$ で使える規則がなく，Π は停止する（チャネル $(1,2),(0,2)$ ではまずチャネル $(0,1)$ で何か規則が使われない限り適用できる規則はない）．

以上で与えられる規則により M の動作が Π により模倣される．細胞 2 に不要なオブジェクト（減算した a_r，余計に取り入れたラベル l'_2, l'_3）がたまるが，結果には影響しない．したがって $N(M) = Ps(\Pi)$ が示された．　　　□

定理 6.7 ではチャネルの状態が多数あったが，交換輸送の重みを 2 にするとチャネルの状態を 1 にすることができる．詳細は次の論文を参照されたい．この節の結果は R. Freund ほかによる論文 [6] から引用した．

6.6　スパイキングニューラル P システム（定義と例）

6.1 節で述べたとおり，スパイキングニューラル P システムでは，シナプスにおける複雑な電気化学的反応をひとまとめにし，インパルス（これからはスパイクと呼ぶ）の伝達だけを考慮する．したがって各細胞（これからはニューロンと呼ぶ）が持つオブジェクトはスパイクに相当する一種類（a とする）のみである．その代わり，スパイクが到着するタイミングとその数が

122　第6章　組織PシステムとスパイキングニューラルPシステム

重要な意味を持つ．実際のニューロンはそれまでに来たスパイクの数（≈膜電位）がある閾値を超えると発火するのであるが，ここではスパイクの数が正規表現（ニューロンごとに異なる）に合致するとき発火する[4]．一度発火した本物のニューロンではしばらく反応しない不応期に入ることを受けて，発火してから実際にスパイクが出力先のニューロンに送られるまでの遅れ時間を発火の規則に組み込む．本物のニューロンでもスパイクが忘れられる（膜電位が何もせずに低下する）ことがある．これに対応して，ニューロン内のスパイクを一定数消す消去規則もありとする．さらに，出力はスパイクが出る時間間隔で表現したり，スパイクあり (1) なし (0) を時系列に沿って並べた0と1の列で表現したりできる．

　組織Pシステムの枠組みに以上の変更を加えると，面目を一新した計算モデルができあがる．

〈定義 6.3：スパイキングニューラルPシステム〉位数 m $(1 \le m)$ の**スパイキングニューラルPシステム** (spiking neural P system)（SN Pシステム）は次の構造である．

$$\Pi = (O, \sigma_1, \dots, \sigma_m, syn, i_0)$$

ここで，

1. $O = \{a\}$ は単一記号からなるアルファベット，a はスパイクと呼ぶ．
2. $\sigma_1, \dots, \sigma_m$ は $\sigma_i = (n_i, R_i)$ $(1 \le i \le m)$ の形をしたニューロンである．この中で，
   - a. n_i は最初に細胞に入っているスパイクの数．
   - b. R_i は規則の有限集合，規則には次の型がある．
     - (1) $E/a^r \to a; t$，ここで E は O の上の正規表現，r は1以上の整数，t は0以上の整数．
     - (2) $a^s \to \lambda$，ここで s は1以上の整数．この型の規則は (1) の型のどの規則 $E/a^r \to a; t$ においても $a^s \notin L(E)$ のときに限り許される．

---

4)　実際のニューロンには何百種類もの神経伝達物質があり，中にはほかのスパイクを抑える抑制性物質もある．よって電位で見れば閾値を超える超えないが発火の条件であるが，スパイクのレベルではスパイク数があるパターンに合致するとき発火すると言えなくもない．

6.6 スパイキングニューラル P システム（定義と例）　123

3. $syn \subseteq \{1,\ldots,m\} \times \{1,\ldots,m\} - \{(i,i) \mid i \in \{1,\ldots,m\}\}$ はニューロン間のシナプスの集合.

4. $i_0 \in \{1,\ldots,m\}$ は出力ニューロンを示す.

(1) の型の規則は発火規則であり，(2) の型の規則は消去規則である.

　規則の適用について詳細を規定する．発火規則はニューロン内にスパイクが n 個存在し，そのニューロンが持つ規則の中に $E/a^r \to a;t$ があって，$a^n \in L(E)$ かつ $r \le n$ のときだけ適用される．そのニューロン内のスパイクの数がぴったり正規表現にあっていなければならない．この規則が使われると r 個のスパイクが消費され，$n-r$ 個は残る．t 単位時間後にシナプスでつながっているすべてのニューロンに 1 個ずつスパイクが送られる（これまでと同じく，全体のニューロンを同期する時計があるとしている）．たとえば，規則 $a(aa)^+/a^3 \to a;1$ は奇数個のスパイクを持つニューロンで適用可能であり，もし 7 個のとき $(a^7 \in L(a(aa)^+) = \{a^{2n+1} \mid 1 \le n\})$，発火後は 4 個のスパイクが残り，1 単位時間後にスパイクが送出される．偶数個のスパイクを持つニューロンではこの規則は適用されない.

　ひとつのニューロンでは 1 ステップに高々ひとつの規則だけ適用される．全体のシステムでは規則は並列に適用される.

　次にスパイクの送出について掘り下げてみよう．規則 $E/a^r \to a;t$ がステップ q のとき使われる（発火する）と，スパイクが出て行くのはステップ $q+t$ になる．つまり，$t=0$ ならば発火と同じステップでスパイクは出て行き，$t=1$ ならば次のステップでスパイクは送出される．規則を使ってからスパイクが出て行くまでの間は，そのニューロンは不応期（閉鎖）であり，ほかのニューロンからのスパイクを受け取ることはできないし，追加して発火することもできない．もし，ほかのニューロンがその間に（ステップ $q, q+1, \ldots, q+t-1$ に）スパイクを送ってくると，そのスパイクは失われる．ステップ $q+t$ に送られてきたスパイクは受け取ることができる.

　このようにしてニューロン σ_i が送出したスパイクは $(i,j) \in syn$ であるすべてのニューロン σ_j に 1 個ずつ送られる．そのとき解放（閉鎖でない）である σ_j はそのスパイクを受け取る．送出されたスパイクは直ちに受け取り

のニューロンに届く，つまり，スパイク伝達の遅れはないとする．受け取られたスパイクはそのニューロンに元からあったスパイクに加わり，次のステップでの規則に当てはめられる．

消去規則 $a^s \rightarrow \lambda$ はちょうど s 個のスパイクを持つニューロンで適用され，s 個のスパイクすべてが即座に消去される．

各ニューロンにあるスパイクの数とニューロンの状態（閉鎖中，解放，閉鎖中なら閉鎖になってからの経過ステップ数）の組合せがシステムの様相である．最初はシステム定義にある初期スパイク数とすべてのニューロンが解放という初期様相になっている．

ある様相 C_1 においてすべての閉鎖中でないニューロンに規則を適用し，閉鎖が終わって送出されたスパイクを受け取りのニューロンに加えると 1 ステップの計算が完了し新しい様相 C_2 となる．これを $C_1 \Rightarrow C_2$ と表し，Π により C_1 から直接に C_2 に遷移すると言う．k $(0 \leq k)$ ステップの遷移は $C_1 \Rightarrow^k C_2$ と書く．ただし $C_1 \Rightarrow^0 C_1$ である．初期様相から始まる遷移の系列を Π による計算と呼ぶ．

出力ニューロンに最初に出たスパイクと 2 番目に出たスパイクの時間間隔をもって計算の結果とする．そのような時間間隔の集合を $N_2(\Pi)$ で表し，Π が生成する（自然数の）集合と呼ぶ．位数 m 以下，各ニューロンの規則の数 k 以下，すべての規則 $E/a^r \rightarrow a;t$ および $a^s \rightarrow \lambda$ において $r \leq p$ および $s \leq q$ を満たす SN P システムが生成する集合の族を $Spik_2P_m(rule_k, cons_p, forg_q)$ とする．m, k, p, q のどれかで上限を定めないときは，それを $*$ で置き換える．〈定義 6.3 終わり〉

ひとつのニューロンは複数の規則を持つことができるから，ここで定義されたシステムは非決定的である．より正確にはふたつの規則 $E_1/a^{r_1} \rightarrow a;t_1$ と $E_2/a^{r_2} \rightarrow a;t_2$ があり，$L(E_1) \cap L(E_2) \neq \emptyset$ ならば，スパイクの数がその共通部分に合致しているときはどちらかの規則が非決定的に選択される．定義 6.3 やこれまでの章のように生成システムとして使うのであればこの非決定性は必須である．一方，受理装置あるいは変換装置として使うときは，決定的システムのほうが都合がよいこともある．そのときは，どのふたつの発火規則についても $L(E_1) \cap L(E_2) = \emptyset$ の条件を付けて決定的にすることもでき

る.

　出力の定め方には，定義 6.3 のほかにもいろいろ考えられる．これまでの
Ｐシステムの発想の延長ならば，停止したとき出力ニューロンが持つスパイ
ク数あるいはそれまでに出力ニューロンが送出したスパイク数となるだろ
う．ただこの考えは，スパイキングニューラルＰシステムの発想（時間に
積極的意味を持たせる）からすればつまらない．最初のスパイクが出力ニ
ューロンから出て次のスパイクが出るまでの間隔 t_1，その次が出るまでの
間隔 $t_2 \cdots$ という具合にすべてのスパイクの時間間隔を出力とするのは定義
6.3 の有力な発展形である．そのほかにスパイクが出力ニューロンから出る
のを 1，出ないのを 0 として 0 と 1 の系列が生成されると定めることも可能
である．この 0, 1 出力型は後ほど取り上げる.

　SN Ｐシステムを理解する助けとなる例を紹介しよう．例を記述するに当
たり，ある規則 $E/a^r \to a; t$ が $L(E) = \{a^r\}$ のときは $a^r \to a; t$ と表記する．こ
の規則はスパイクの個数が r のときだけ適用可能で，使われるとすべてのス
パイクを消費してほかのニューロンにスパイクを送出する.

〈例 6.4：3 ニューロン SN Ｐシステム〉位数 3 の SN Ｐシステム $\Pi = (\{a\}, \sigma_1,$
$\sigma_2, \sigma_3, syn, 3)$ を考える．ここで，

$$\sigma_1 = (2, \{a^2/a \to a; 0, a \to \lambda\})$$
$$\sigma_2 = (1, \{a \to a; 0, a \to a; 1\})$$
$$\sigma_3 = (3, \{a^3 \to a; 0, a \to a; 1, a^2 \to \lambda\})$$
$$syn = \{(1, 2), (2, 1), (1, 3), (2, 3)\}$$

である．このシステム構成を図示したのが図 6.4 である．図ではニューロン
は丸で示し，その中に規則と初期スパイクが記入してある.

　最初すべてのニューロンが発火する．ニューロン 2 では非決定的選択が
あることに注意する．ニューロン 1 では発火のあとスパイクが 1 個残る.
ほかのニューロンはすべてのスパイクを使う．さて，ニューロン 2 で $a \to$
$a; 0$ が選択されたとしよう．すると次のステップではニューロン 1, 2, 3 のス
パイク数はそれぞれ 2, 1, 2 となる．ニューロン 1, 2 はまた発火し，ニュー
ロン 3 ではスパイクは消える（$a^2 \to \lambda$ により）．ニューロン 2 で $a \to a; 0$

第6章　組織PシステムとスパイキングニューラルPシステム

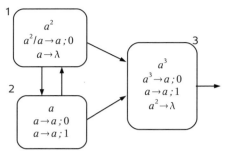

図 **6.4**　3ニューロンからなるスパイキングニューラルPシステムの例

が選択される限り同じ様相が続く．では t ステップ $(0 \leq t)$ においてニューロン2で $a \to a;1$ を選択するとどうなるか．ニューロン3はスパイクを1個だけ受け取り，ニューロン1から2へ行くスパイクは失われる．$t+1$ ステップではニューロン1のスパイクは消え，ニューロン2はスパイクを送出し，ニューロン3は規則 $a \to a;1$ により発火する．ただし，ニューロン2から来るスパイクは失われる．ステップ $t+2$ ではニューロン1にスパイクが1個あり，それは消去規則で消される．ニューロン2はスパイクなし，ニューロン3もスパイクなしで出力にスパイクを送出する．ここですべてのニューロンのスパイクがなくなったのでシステムは停止する．スパイクはステップ0と $t+2$ に出されるので，その間隔は $t+2$ $(0 \leq t)$ となる．つまり，2以上のすべての整数が生成される．〈例6.4 終わり〉

　出力はふたつのスパイクの送出される間のステップ数と定めたから，SNPシステムは数0を出力として生成することはできない．それでは例6.4の出力に1も加えてすべての正の整数の集合を生成できるかというと，図6.5のSNPシステムにより可能である．

　また，任意に与えられた正の整数からなる有限集合 $F = \{n_1, \ldots, n_k\}$ を生成するSNPシステムも次の例のとおり構成できる．

〈例6.5：有限集合を生成するSNPシステム〉位数1のSNPシステム $\Pi_F = (\{a\}, \sigma_1, \emptyset, 1)$ を考える[5]．ここで $\sigma_1 = \{2, R_1\}$ で R_1 は $a^2/a \to a;0$ とすべて

---

5)　ニューロンがただひとつであるから $syn = \emptyset$ である．

6.6 スパイキングニューラル P システム（定義と例）

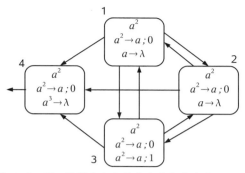

図 6.5 すべての正の整数からなる集合を生成する SN P システム

の $i \in \{1,\ldots,k\}$ について $a \to a;(n_i - 1)$ の規則からなる．Π_F ではステップ 0 で発火しスパイクを出したあと，ステップ 1 でどれかの n_i について規則 $a \to a;(n_i - 1)$ が使われる．このスパイクはステップ $(n_i - 1) + 1 = n_i$ で送出される．このときの出力は n_i である．よってすべての i について n_i が生成される．〈例 6.5 終わり〉

　定義 6.3 に従えばスパイクの数は，あるニューロンがふたつ以上のニューロンとつながっており，それらのニューロンにスパイクが送られて初めて増加することができる．自分自身とつながるシナプスは禁止されているから，ニューロンが 1 個ではシナプスがなくスパイクは全く増えない．ニューロンが 2 個だとそのうち 1 個は出力ニューロンで，2 回スパイクを出力すると計算は終了する．そのため，もうひとつのニューロンのスパイク数は高々 2 個増えるだけである．いずれの場合も，ニューロンはシステムの構成から決まる上限回以上発火することができない．つまり，計算の長さ ≈ 出力される数にはシステムで定まる上限がある．言い換えると有限集合しか生成できない．

　例 6.5 と以上の考察をまとめると，位数 2 以下の SN P システムは有限集合しか生成できないという次の定理を得る．

定理 6.8 $NFIN = Spik_2P_1(rule_*, cons_1, forg_0) = Spik_2P_2(rule_*, cons_*, forg_*)$

128 第6章 組織PシステムとスパイキングニューラルPシステム

6.7 スパイキングニューラルPシステム（生成能力）

この節ではニューロンの数に制限を付けないと計算能力はどこまで向上するかを示す．興味深いことに，大して凝った計算ができるとも思えないシステムの定義にもかかわらず計算万能性を持つのである．

定理 6.9 すべての $k \geq 2$, $p \geq 3$, $q \geq 3$ について $Spik_2 P_*(rule_k, cons_p, forg_q) = NRE$

証明 例によって $NRE \subseteq Spik_2 P_*(rule_2, cons_3, forg_3)$ を，任意に与えられたレジスタ機械を模倣するSNPシステムを構成することにより証明する．

$M = (k, H, l_0, l_h, I)$ をレジスタ機械とする．M の出力はレジスタ1の値とする．M のプログラムはレジスタ1を減算しないようになっていると仮定する（そうしても一般性を失わない）．

M の動作を模倣するSNPシステム Π は大まかに次の構造をしている．

1. M の動作をまねる部分．これは加算命令をまねるモジュールと減算命令をまねるモジュールによって構成される．
2. M が停止したあと，M の出力に相当する出力スパイクを生成する部分．

Π の詳細を逐一記述するのは長く，かつわずらわしいので，上で述べた加算モジュール，減算モジュールと出力生成部を中心に紹介する．

M は初期様相では l_0 のラベルが付いたニューロンを除いてすべてのニューロンはスパイクを持っていない．l_0 のニューロンはスパイクを2個持っている．

加算命令 $l_1 : (ADD(r), l_2, l_3)$ を模倣するモジュールを図6.6に示す．

図において l_1, l_2, l_3 は，それぞれ命令のラベルに対応するニューロンである．r はレジスタ r に対応するニューロンである[6]．l_1', l_1'', l_1''' および b_r はそれぞれ l_1 と r に対応する，加算モジュールのために追加するニューロンである．

初期様相の約束どおり，命令ラベルの付いたニューロンで2個のスパイ

---

6) つまり，Π には H に属するすべてのラベルに付き，対応するニューロンがあり，レジスタ1からレジスタ k に対応するニューロンがある．

6.7 スパイキングニューラル P システム（生成能力）

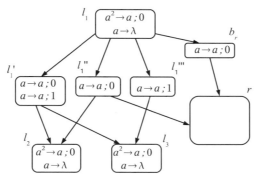

図 6.6 レジスタ機械の加算命令 $l_1 : (\mathrm{ADD}(r), l_2, l_3)$ を模倣するモジュール

クを持つものが M で今実行する命令を模倣するように各モジュールは構成される．加算モジュールでは，ステップ t で l_1 が発火して l_1', l_1'', l_1''' と b_r にスパイクを送る．ステップ $t+1$ で l_1' には選択がある．$a \to a;0$ が選ばれたとする．すると l_2 が l_1' と l_1'' からのスパイクを受けて 2 個のスパイクを持つ．$a \to a;1$ が選ばれると，l_1''' も 1 単位時間遅れの発火をしているので，ステップ $t+2$ で l_3 が 2 個のスパイクを持つことになる．l_2, l_3 のうちスパイクを 1 個しか受け取らなかったニューロンでは，そのスパイクは消される．l_1' がどの選択をしても r は l_1'' と b_r からのスパイクを受け取るのでスパイクの数が 2 増える．M のレジスタ r が n を記憶しているのを Π ではニューロン r が $2n$ 個のスパイクを持つとして表現する．ニューロン r は減算命令のときに適用される規則を持つのであるが，加算命令では実行されないので図 6.6 には記入されていない．

次に，減算命令 $l_1 : (\mathrm{SUB}(r), l_2, l_3)$ を模倣するモジュール（図 6.7）を見ていく．まず l_1 がステップ t で発火して l_1', l_1'', r にスパイクが送られる．ここでレジスタ r が 0 でない場合を考える．そのときニューロン r は $2n\ (0 < n)$ 個のスパイクを持つので，l_1 から来たスパイクとあわせ 3 以上の奇数個スパイクを持つことになる．するとステップ $t+1$ で r が発火して l_2, l_3 にスパイクを送る．l_2 には l_1' からのスパイクもステップ $t+1$ に来るので，l_2 が 2 個のスパイクを持ち，次に実行される命令ラベルに対応する．

レジスタ r が 0 のときはニューロン r のスパイクも 0 個なので，ステップ

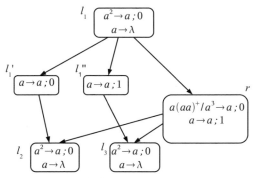

図 6.7 レジスタ機械の減算命令 $l_1 : (\mathrm{SUB}(r), l_2, l_3)$ を模倣するモジュール

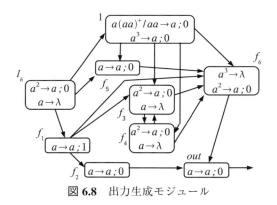

図 6.8 出力生成モジュール

$t+1$ ではスパイク 1 個になる.規則 $a \to a; 1$ よりステップ $t+2$ で l_3 にスパイクが送られる.l_3 には l_1'' からもステップ $t+2$ でスパイクが届くので,スパイク 2 個になる.l_2, l_3 のうちスパイクが 1 個しか来なかったニューロンでは,そのスパイクは消される.

最後に出力生成のモジュールを見ていく.図 6.8 で示すモジュールで 1 は M の出力レジスタに相当するニューロン,l_h は M の停止命令ラベルに相当するニューロン,out は Π の出力ニューロンである.f_1 から f_6 は作業用ニューロンである.

ニューロン l_h に 2 個のスパイクが来ると出力生成が始まる.l_h はステップ t に発火し,1, f_1, f_5 にスパイクを送る.f_1, f_2, out と発火が続きステップ

$t+3$ に最初の出力スパイクが出る.

ニューロン 1 のスパイク数は奇数になり,以後 2 個ずつスパイクを減らしながら発火を続ける.最後だけ 3 個のスパイクを消費して発火する.よってニューロン 1 が $2n$ 個のスパイクを持っていたとすると,$t+1$ から $t+n$ ステップにわたり発火が続く.ニューロン f_5 はステップ $t+1$ から $t+n+1$ まで発火する.ニューロン f_3, f_4 はステップ $t+2$ で f_3 が発火し,$t+3$ で f_4,$t+4$ で f_3 と交互に発火し続け,ニューロン 1 の発火が終わる次のステップまで続く.ニューロン f_6 が要となる働きをする.f_6 ではステップ $t+1$ からスパイクが届き始める.ニューロン $1, f_5, f_3$ または f_4 から 1 個ずつスパイクが来ると,$a^3 \to \lambda$ によりそれらは消される.ニューロン 1 からのスパイクがなくなっても,f_5, f_3 あるいは f_4 からのスパイクはなお 1 ステップ後に来る.すると $a^2 \to a; 0$ により f_6 が発火する.そのスパイクは *out* に送られ,2 回目のスパイクを作る.そのステップ数は $(t+n+1)+1+1 = t+n+3$ となる.よって n が出力の数となる.つまり,$N_2(\Pi) = N(M)$ が示された. □

この節の結果は M. Ionescu ほかによる論文 [7] とハンドブック [18] を引用した.

6.8　入力のあるスパイキングニューラル P システム

SN P システムの大きな特徴に,ごく自然に入力をつけられることがある.ひとつ(あるいは複数)のニューロンを入力ニューロンとして,外部からそのニューロンにスパイクが入ることにすればよい.第 5 章で定義した入力付き P システムに比べればはるかに簡単かつ明瞭である.

入力付きシステムでは,入力が終了したあと,yes (1) あるいは no (0) を出力して,その入力を受理 (yes) あるいは拒否 (no) する受理装置と,入力をある方式で変換して出力の系列にする変換装置,の 2 通りの使い方がある.SN P システムでも両方あり,それぞれ興味深い結果が数多く得られている.受理するほうでは,例によってチューリング機械と同等(計算万能性を持つ)という結果から,制限された言語クラスに相当する制限された SN P システムに関する結果まで,枚挙にいとまがない.

しかしながら,本節では入力を出力に変換する SN P システムを紹介す

132 第6章 組織PシステムとスパイキングニューラルPシステム

る．生物（動物）の神経系は入力（感覚情報）を出力（運動その他）に変換するのが中心の機能である．それを抽象化したモデルであるから，変換機能を追求するのが本筋であろう．

〈定義 6.4：変換型 SNP システム〉 **変換型 SN P システム** (transducing SN P system) あるいは **SN P 変換機** (SN P transducer) は構造 $\Pi = (\{a\}, \sigma_1, \ldots, \sigma_m, syn, i_I, i_O)$ である．このうち，$(\{a\}, \sigma_1, \ldots, \sigma_m, syn, i_O)$ は定義 6.3 と同じ内容である．ただし，Π は決定的とする．つまり，それぞれのニューロン $\sigma_i = (n_i, R_i)$ において，どのふたつの発火規則 $E_1/a^{r_1} \to a; t_1$ と $E_2/a^{r_2} \to a; t_2$ についても $L(E_1) \cap L(E_2) = \emptyset$ である．$i_I \in \{1, \ldots, m\}$ は入力ニューロンを示す．任意のステップ t において外界（環境）からスパイクが σ_{i_I} に入力されるかされないかのいずれかである．スパイクが入力されると，ほかのニューロンからのスパイクおよび σ_{i_I} に元からあったスパイクとあわせステップ $t + 1$ の規則適用に使われる．入力および出力においてスパイクありを 1，なしを 0 と表現する．Π は 0, 1 からなる長さに上限のない系列[7] $x = a_1 a_2 \cdots$ $(a_i \in \{0, 1\})$ を入力として受け取り，同じく 0, 1 からなる長さに上限のない系列 $y = b_1 b_2 \cdots$ $(b_i \in \{0, 1\})$ を出力する．この Π による変換を $y = \Pi(x)$ と表現する．〈定義 6.4 終わり〉

次の例は入力の 0 と 1 を反転している．

〈例 6.6：ビットごとの否定〉 $\Pi_{\text{NOT}} = (\{a\}, \sigma_1, \sigma_2, \sigma_3, syn, 1, 1)$ を考える．ここで $\sigma_1 = (0, \{a \to a; 0, a^2 \to \lambda\})$, $\sigma_2 = (1, \{a \to a; 0\})$, $\sigma_3 = (1, \{a \to a; 0\})$, $syn = \{(2, 1), (2, 3), (3, 2)\}$ である．図 6.9 は Π_{NOT} の模式図である．

ニューロン 2, 3 は常に発火し，ニューロン 1 にスパイクを送り続ける．ニューロン 1 にステップ t で入力スパイクがあると $t + 1$ ではスパイクは 2 個あるので消去される（出力スパイクなし）．入力スパイクがなければ $t + 1$ のスパイクは 1 個でありスパイクを出力する．よって Π_{NOT} は 1 ステップ遅れて入力の否定を出力する．0 と 1 の系列 w の否定を $\overline{w}$ と表せば（$\overline{0} = 1, \overline{1} =$

---

7) 数学的に厳密に言えば無限の長さの列，つまり無限列となる．しかし，後ほどの例でわかるように，無限の長さの列全体を問題にするのではなく，1 が出現するのは有限個で，あとはすべて 0 とか，一定の 0 と 1 のパターン（部分列）が繰り返されるといった，有限手段で規定できる列だけ取り扱う．

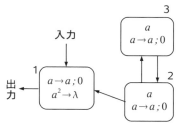

図 6.9 入力をその否定 $(0 \to 1, 1 \to 0)$ に変換する SN P 変換機

0)$\Pi_{\mathrm{NOT}}(w) = 0\overline{w}$ となる.〈例 6.6 終わり〉

ある記号列 w を別の記号列 $h(w)$ に変換する関数のうち,最も簡単なのが準同型である.ここでは 0 と 1 からなる列だけ考える.h が準同型ならば $h(0)$ と $h(1)$ が与えられれば変換は定まる.現在の 1 記号がわかれば出力が決まり,それ以前の記号は影響しない.SN P 変換機で準同型を実現できるか調べる.準同型は $h(a)$ ($a \in \{0,1\}$) の長さにより,長さ保存($h(0), h(1)$ ともに長さ 1),消去的($h(0) = \lambda$ または $h(1) = \lambda$),それ以外に分けられる.それぞれについて検討する.

1. 長さ保存:$h(0)$ と $h(1)$ の値により次の 4 つの場合しかない.(i)$h(0) = 0, h(1) = 1$, (ii) $h(0) = 1, h(1) = 0$, (iii) $h(0) = h(1) = 0$, (iv) $h(0) = h(1) = 1$. (i) は入力をそのまま出力,(ii) は例 6.6,(iii), (iv) は 0 だけ,あるいは 1 だけの固定出力の SN P 変換機により実現できる.
2. 消去的:$h(0) = \lambda$ のときは $h(1) = x$ として入力 w 中の 1 の数を数え,それが k であれば x^k を出力する SN P 変換機により実現できる.そのような変換機が存在することは文献 [19] により知られている.$h(1) = \lambda$ のときは一度ビット反転すれば $h(0) = \lambda$ の場合に帰着できる.
3. それ以外:$h(0)$ と $h(1)$ はともに λ でなく,少なくとも一方の長さが 2 以上の場合である.この場合,もし $u \in \{0,1\}^+, 1 \leq i, 1 \leq j$ が存在して $h(0) = u^i$ かつ $h(1) = u^j$ ならば,ひたすら u を出力していると一応「変換」したことになるので,その出力を生成する SN P システムで間に合う.そうでないときはどんな SN P 変換機でも h を実現できないことが

134　第6章　組織PシステムとスパイキングニューラルPシステム

文献[19]で証明されている．（証明の勘所を述べると，出力の長さは入力の長さの定数倍になるので，入力が長くなるにつれて「まだ出力していない系列」の長さも長くなる．「まだ出力していない系列」は変換機の中に記憶しておかなくてはならないが，記憶に限界があるためできない．）

　準同型を拡張した k ブロック $(2 \leq k)$ 準同型がある．これは長さ k の部分列単位で準同型の条件を満たす変換である．たとえば $k = 2$ なら $w = a_1 a_2 \cdots a_{2n-1} a_{2n}$ $(a_i \in \{0, 1\})$ に対して $h(w) = h(a_1 a_2) h(a_3 a_4) \cdots h(a_{2n-1} a_{2n})$ で定められる写像である．シリアル回線で通信する際，8ビットごとに区切って意味を与えるコンピュータのインタフェースは8ブロック準同型と言えよう．k ブロック準同型で長さ保存型（$h(a_1 \cdots a_k)$ $(a_i \in \{0, 1\})$ の長さは k）なら，どんなものでもSN P変換機で実現できる．この結果は，記号の種類が多くても符号化すれば必ず0と1の系列になるから，任意のアルファベット上の長さ保存型準同型はSN P変換機で実現できることを意味する．これから k ブロック準同型を実現するSN P変換機を紹介する．しかし，変換機の構成は大変複雑で，正しく準同型を実現していることの証明も長くなるので，概略にとどめる．

　この構成では，k ブロックの入力を2進数に変換して出力を求める．つまり，k ブロック準同型 $h(b_0 b_1 \cdots b_{k-1}) = c_0 c_1 \cdots c_{k-1}$ と同等な関数 $f(\overline{b_{k-1} \cdots b_1 b_0}) = \overline{c_{k-1} \cdots c_1 c_0}$ を利用している．ここで $\overline{b_{k-1} \cdots b_1 b_0}$ は $b_{k-1} \cdots b_1 b_0$ を2進数としたときの値，

$$\overline{b_{k-1} \cdots b_1 b_0} = \sum_{i=0}^{k-1} 2^i b_i$$

である．変換機の全体構成は図6.10のとおりである．

　この図で M は，

$$M = \frac{k^k - 1}{k - 1} + k - 1$$

である．破線の長方形は多くのニューロンからなるモジュールである．i ビ

6.8 入力のあるスパイキングニューラル P システム   135

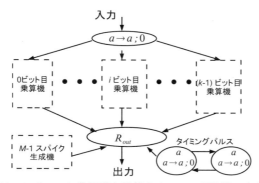

図 **6.10** k ブロック準同型を計算する SN P 変換機の全体構成

ット目乗算機は入力の i ビット目 (b_i) だけ取り出し，それに $2^i M$ をかけた数のスパイクを作り，出力ニューロンに送る．$M-1$ スパイク生成機は $(M-1)$ 個のスパイクを作り，出力ニューロンに送る．出力ニューロンにはステップ $k+2$ に，

$$s = \left(1 + \sum_{i=0}^{k-1} 2^i b_i\right) M = (1+y)M \quad \text{ここで} \quad y = \sum_{i=0}^{k-1} 2^i b_i$$

個のスパイクがたまるようになっている．図 6.10 の構成は出力ニューロンの規則集合 R_{out} をのぞき k だけに依存し，どの k ブロック準同型についても同じである．R_{out} は与えられた準同型の入力・出力関係より定める．

　出力ニューロンは $k+3$ ステップから s 個のスパイクを使って出力の系列を作る．そのための規則の集合は，当然のことながら入出力関係 $f(\overline{b_{k-1} \cdots b_1 b_0})$ $= \overline{c_{k-1} \cdots c_1 c_0}$ を満たす系列になるよう構成されていなければならない．アルゴリズム 1 がその規則を生成する．このアルゴリズムは入出力の対 $b_0 b_1 \cdots b_{k-1}$ と $c_0 c_1 \cdots c_{k-1}$ について，$y = \overline{b_{k-1} \cdots b_1 b_0}$ として，$(1+y)M$ と $c_0 c_1 \cdots c_{k-1}$ を入力して受け取り，出力に相当するスパイクを発生する規則の集合 R_y を作る．スパイクを生成する途中で出力ニューロンが持つスパイクの数は規則の中に現れるので，アルゴリズムの計算目的に含まれる．途中に出力ニューロンが持つスパイクの数を $x[y, u]$ で表す．これは出力系列のうち，$u = c_0 \cdots c_{i-1}$ ($0 \le i \le k, i=0$ のときは $u = \lambda$) を出力したあと出力ニューロンが

136　第6章　組織PシステムとスパイキングニューラルPシステム

アルゴリズム1　出力ニューロンの規則を決めるアルゴリズム

入力: $(1+y)M$ と $c_0 \cdots c_{k-1}$ ただし $y = \overline{b_{k-1} \cdots b_0}$, $c_0 \ldots c_{k-1} = h(b_0 \cdots b_{k-1})$
出力: 規則の集合 R_y
1: $R_y := \emptyset$
2: for $i := 0$ to $k-2$
3: 　if $c_i = 1$ then /* $u = c_0 \cdots c_{i-1}$ である */
4: 　　規則 $a^{x[y,u]}/a^p \to a; 0$ を R_y に加える. ここで $p = k^{i+1}+1$
　　　/* $x[y,u]$ の値は入力（$u = \lambda$ のとき）あるいはそれまでの繰り返し計算
　　　により求まっている */
5: 　　$x[y,1u] := x[y,u] - k^{i+1}$
6: 　else /* $c_i = 0$ */ $x[y,0u] := x[y,u]+1$
7: if $c_{k-1} = 1$ then 規則 $a^{x[y,u]} \to a; 0$ を R_y に加える
8: else /* $c_{k-1} = 0$ */ 規則 $a^{x[y,u]} \to \lambda$ を R_y に加える

持つスパイクの数を表す. 当然 $x[y, \lambda] = (1+y)M$ である[8].

　このアルゴリズムで $x[y,u]$ の値を決めるとき, 1を加えているのは全体構成図にあったタイミングパルスから, 各ステップごとに1個スパイクが来るからである. 出力系列の生成を始める以前（$k+1$ ステップまで）に来るスパイクを消すため, 出力ニューロンは $a \to \lambda$ の規則も持つ. タイミングパルスを入れるのは, 規則の間で干渉（非決定的になる）をさけるためである. $(1+y)M$ に出現する大きな数 M も R_y が矛盾なく構成できるよう選ばれた数であった. このようにして k ブロック準同型を定めるすべての入出力関係についてアルゴリズム1により R_y を求めると, 出力ニューロンが持つ規則の集合 R_{out} は,

$$R_{out} = \{a \to \lambda\} \cup (\cup_{y=0}^{2^k-1} R_y)$$

として定められる.

　以上の構成で k ブロック準同型を実現する SN P 変換機ができる.

　ここで構成した SN P 変換機が任意に与えられた k ブロック準同型を実現することを保証, すなわち証明する必要があるが, その証明は長くなるので省略する. この節の前半部は Gh. Păun ほかによる論文 [19] を引用し, 後半

---

8)　$x[y,u]$ は全体でひとつの変数で, y と u に依存して値が決まる変数となっている.

の k ブロック準同型を実現する SN P 変換機については拙論文 [16] を基に記述した．省略した証明も論文には示してある．

本章では組織 P システムとスパイキングニューラル P システムを紹介し，内容が盛りだくさんになった．組織 P システムには変化型と輸送型があり，さらに規則適用方法による変形があった．スパイキングニューラル P システムにも入力のあり・なし，出力の取り扱い方の違いによる変形があり，それぞれいろいろいろな研究がなされている．本章ではそれらをなるべく整理して，膜計算の可能性を示す代表的なものを取り上げたつもりである．

第7章　Pシステムの応用1：光合成のモデル

この章では光合成の反応をPシステムの考え方でモデル化し，コンピュータシミュレーションによってその振る舞いを調べた結果を紹介する．ご存じのとおり光合成は葉緑体の中で起きる．葉緑体は二重の膜に囲まれた細胞内小器官であり，反応において膜が重要な働きをする．膜計算の応用として取り上げるのにふさわしいだろう．第3章のオブジェクト書き換え型を基にモデル記述のための拡張をする．次に，光合成の反応から変化規則を作り，規則中の各種パラメータについて考察する．コンピュータにより数値的にモデルの振る舞いを調べる．そのとき，パラメータの値を様々な組合せで試し，モデルに取り入れた仮説の当否を検討する．最後に微分方程式を使うモデルと比較する．

7.1　理論モデルと数値計算モデル

　これまでの章で紹介した様々なPシステムは理論の世界における存在であった．計算（アルゴリズム）の可能性・限界や効率の壁を追求する，計算機科学の中で最も厳密な，数学に近い分野である．これまでの章の結果は計算の理論に多くの新たな知見を追加し，この世界をさらに豊かにしたとはいえ，「で，現実の計算にPシステムは役に立つの？」という，おそらく多くの読者が持たれるであろう疑念には何も答えていない．最後のふたつの章で実際の課題解決にPシステムの考え方を応用した例を紹介する．

140   第7章　Pシステムの応用1：光合成のモデル

　まず，光合成の諸反応から，Pシステムによる数値計算モデルを構成し，モデル中のパラメータを変えて数値実験した例を取り上げる．このように数値計算モデルを作り計算機実験すると，観測される現象を説明する仮説の当否を簡単に知ることができる．物理学で宇宙，素粒子，原子核，原子・分子，地球の内部などを研究する分野では，常識の手法である．物理では各種基本法則とそれを記述する微分方程式が確立しているから，数値計算モデルはすぐに書き下せる．しかしながら，生物の世界ではそのような基本の微分方程式群などない[1]．だから微分方程式を使ってモデルを作るのは困難である．一方で，「数値計算モデル＝微分方程式」という都市伝説(?)がある．というわけで，生物学の世界で数値実験による研究は，遺伝学，生態学などごく一部の例外的分野を除き，存在しなかったと言ってよい．

　それに対し，元々の出身が細胞膜であるPシステムは生命現象の数値計算モデルを記述する格好の「言葉」を提供するのである．生物学でもいちいち試験管を振らずに計算機によって仮説を検証できる時代が到来するかもしれない．

7.2　光合成の反応

　植物の光合成は二重の膜に囲まれた葉緑体の中で起こる．葉緑体では多くの化学反応が生起するが，それらは明反応と暗反応に大別される．明反応は光のエネルギーにより水を分解して，還元力の大きい分子であるNADPHと化学エネルギーの大きい分子であるATPを作る．暗反応はNADPHとCO_2からブドウ糖を経てデンプンを合成する．明反応は葉緑体の中のさらに膜で囲まれたチラコイド(thylakoid)で起きる．暗反応は葉緑体の外膜とチラコイドの間のストロマ(stroma)で起きる（図7.1参照）．

　明反応において光を吸収するのは，チラコイド膜に埋まっている光化学系I，光化学系II（それぞれPSI，PSIIとする）と呼ばれるタンパク質，色素などからなる複合巨大分子である．PSIは光のエネルギーにより，ストロマ中のNADPをNADPHに還元する．PSIIは光のエネルギーにより，チラ

---

[1]　もちろん原子・分子にまで対象を「小分け」すれば物理の方程式が使える．だが，そうするととても手に負えない複雑な方程式になる．

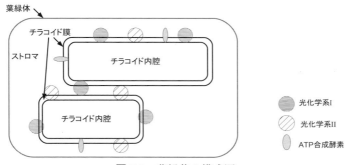

図 7.1 葉緑体の模式図

コイド内腔（内腔とする）において水を分解するとともに，ストロマから内腔へ水素イオンを輸送する．結果として内腔の水素イオン濃度が高くなり，ストロマとの水素イオン濃度の差を利用して ADP から ATP が合成される．

明反応全体で見た分子の変化は，

$$2H_2O(L) \stackrel{PS,\gamma}{\to} O_2(L) + 4H^+(L) \tag{7.1}$$

$$2NADP(S) + 2H^+(S) \stackrel{PS,\gamma}{\to} 2NADPH(S) \tag{7.2}$$

$$4H^+(S) \stackrel{PS,\gamma}{\to} 4H^+(L) \tag{7.3}$$

で表される．ここで (L) と (S) はそれぞれ内腔 (lumen) とストロマにある分子を示す．γ は光（反応には複数の光子が必要である）を示し，PS は光化学系 I あるいは II が触媒として作用することを示す．この反応式では電子を省略してあるので，反応の前後で電荷が釣り合っていない．電位の勾配が水素イオンを能動輸送 (7.3) する原動力になっている．反応 (7.1), (7.2) で電位の勾配が生じ，反応 (7.3) に利用されるから，これらの反応はすべて相互に依存している．

チラコイド膜中に存在する ATP 合成酵素は水素イオン濃度差を使って ATP を合成する．

$$ADP(S) + P(S) + nH^+(L) \to ATP(S) + nH^+(S) \tag{7.4}$$

ここで P はリン酸を示す．この反応に関わる水素イオンの数 n は濃度勾配

142　　第7章　Pシステムの応用1：光合成のモデル

により変化する．普通は$n = 3$と言われている．

　暗反応は，

$$CO_2 + 4NADPH \rightarrow CH_2O + 4NADP + H_2O, \tag{7.5}$$

と書ける．実際にはホルムアルデヒド(CH_2O)ができるのでなく，(7.5)式6回分がひとつの反応でブドウ糖$(C_6H_{12}O_6)$ができる[2]．

　さて，自然環境で植物は夜の闇から真夏の正午の直射日光まで，光の強さにおいて大変な変動にさらされる．多くの植物はほどほどの光（春や秋でかつ正午以外，薄曇りも可）の下で最も効率良く光合成できるように進化した[3]．光が弱ければ反応が起こらないだけで，とりあえず害はない．明反応は光が強くなるとともに盛んになる．そこで，光が強くなりすぎると内腔では水素イオンが多くなる，つまりpHが下がり危険なほど酸性が強くなる．ということは，葉緑体は強すぎる光では明反応を抑える調整機能を持つはずである．そのひとつのメカニズムは次の「空回り」反応を起こすことである．

$$2H_2O(L) \overset{PS,\gamma}{\rightarrow} O_2(L) + 4H^+(L) \tag{7.6}$$

$$O_2(S) + 4H^+(S) \overset{PS,\gamma}{\rightarrow} 2H_2O(S) \tag{7.7}$$

$$4H^+(L) + O_2(L) \rightarrow 2H_2O(L) \tag{7.8}$$

$$2NADPH(S) + 2H^+(S) + O_2(S) \rightarrow 2H_2O(S) + 2NADP(S) \tag{7.9}$$

この反応は，せっかく作った水素イオン濃度勾配とNADPHを暗反応に使わずに元に戻すことで，結果的に強すぎる光による過剰な反応を抑えている．このメカニズムを光抑制1とする．もうひとつのメカニズムとして提案されているのは光化学系の活性を抑えるというものである（文献[4]より）．PSIIに反応性の高い構造（PSIIhとする）と低い構造（PSIIlとする）があり，強い光はPSIIhをPSIIlに変換するというものである．これを光抑

---

2)　より正確には，ブドウ糖にリン酸が付いた分子が生成される．

3)　一番強い光に適応するとたいていの季節，たいていの天候，ほとんどの時間帯で光合成の効率が悪くなる．砂漠の植物は例外．

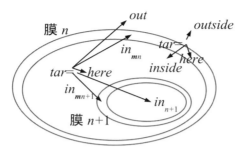

図 7.2 膜の中に埋め込まれたオブジェクトと移動の規則

制2とする．ここでは，これらの光抑制メカニズムをモデルに組み込み，数値実験で検証してみる．

7.3　Pシステムの拡張

前節で述べた反応が進行すると各種分子の濃度がどう変化するかを知るためのPシステムを作りたい．そのために標準のPシステムを若干変更する．

まず，図 7.1 から明らかなとおり，膜の中に埋め込まれたオブジェクト (PSI, PSII) もシステムに取り入れられなければならない．よって「膜の中」という領域も認める（図7.2）．この図で膜nは二重の楕円で示してある．その内側が領域nであり，二重の楕円の間は膜nの埋め込み領域$\mathbf{m}_n$とする．領域nからは，そのまま ($tar = here$)，外に出る ($tar = out$)，中の領域$n+1$に行く ($tar = in_{n+1}$)，に加えて膜nの埋め込み領域に行く ($tar = in_{\mathbf{m}_n}$)，膜$n+1$の埋め込み領域に行く ($tar = in_{\mathbf{m}_{n+1}}$) の移動ができる．埋め込み領域$\mathbf{m}_n$からは，そのまま ($tar = here$)，外に出る ($tar = outside$，膜$n$の外の領域に行く)，中に入る ($tar = inside$，領域$n$に行く) の移動が可能とする．

次に，「各分子の 数 = 多重度」でよいか検討が必要である．葉緑体はごく小さな細胞内器官であるとはいえ，何億という分子を含んでいる．分子1個1個をオブジェクトとし，それぞれ反応式に対応する規則を 非決定的極大並列 方式で当てはめると，1ステップ進める際の計算が途方もない量になる．ここは「各分子の 濃度 = 多重度」としたい．そうすれば各領域・各分子種につき濃度変化の規則をひとつ当てはめれば，1ステップ進む．反応が起きる起きないは，ひとつの分子で見れば非決定的選択であるが，多数の

144　　第 7 章　P システムの応用 1：光合成のモデル

分子，つまり濃度で見るときは生起確率が定められる．ある確率により濃度が変化することを表す規則を使いたい．

　これによりオブジェクトを 1 個 2 個と数えていた多重集合を，オブジェクトが x「個」ある（ただし x は負でない実数）集合で置き換えることになる．そのような実数の「多重度」を持つ集合はすでに文献 [5] に述べられており，それに従って $\mathbb{R}_+$ 部分集合と呼ぶ．$\mathbb{R}_+$ はすべての負でない実数からなる集合である．

〈定義 7.1：実数の多重度〉 集合 X の上の $\mathbb{R}_+$ **部分集合** ($\mathbb{R}_+$-subset) A は X から $\mathbb{R}_+$ への関数である．X の要素 x について，$A(x)$ は x の「多重度」である．これからは $A(x)$ の代わりに $[x]_A$ と書く．$\mathbb{R}_+$ 部分集合 A のふたつの要素 $[x]_A$ と $[y]_A$ および実数 p, q について（p, q は負でもよい），

$$p[x]_A + q[y]_A \quad および \quad [x]_A[y]_A$$

は通常の実数演算による値である．〈定義 7.1 終わり〉

　x をある分子と見れば，x の「多重度」$[x]_A$ は濃度と見なすことができる．換言すると，ある領域 A の中で x が「どのくらいたくさんあるか」を示すのが $[x]_A$ となる．「たくさん」の基準は任意なので，濃度と言っても 1 以下の制約はない．たとえば x がはじめに 1000 あったのが（$[x]_A = 1000$）1.5 倍になったことを $[x]_A = 1500$，$\frac{2}{3}$ になったことを $[x]_A = 666\frac{2}{3}$ で表すことができる．

　$\mathbb{R}_+$ 部分集合では，多重度を必ず $[x]_A$ の形で表さなければならない．これまでの多重集合と違い文字列の略記法は使えない．よって規則は，

$$X \to (mul_1Y_1, tar_1) \cdots (mul_lY_l, tar_l)$$

の形になる．ここで $X, Y_1, \ldots, Y_l$ はオブジェクト，$mul_1, \ldots, mul_l$ はそれぞれ $Y_1, \ldots, Y_l$ の多重度，$tar_1, \ldots, tar_l$ はそれぞれ $Y_1, \ldots, Y_l$ の行き先を示す．規則の左辺はひとつのオブジェクトに限定する．その代わり多重度の計算式の中にほかのオブジェクトの濃度などから得られる反応確率を入れる．$tar = here$ のときは省略する．

　反応確率について考察しよう．反応は，ある分子 X が触媒 C と結合して

その作用で Y に変化する，と一般化できる．式で表せば，

$$X \xrightarrow{C} Y$$

となる．触媒が n_C 個あり，1個の触媒当たり一単位時間にこの反応が起きる確率を p とすると一単位時間に反応が起きる確率は，

$$1 - (1-p)^{n_C} = 1 - ((1+\frac{-1}{p^{-1}})^{p^{-1}})^{pn_C}$$

$$\approx 1 - e^{-pn_C}$$

となる．ここで $p \ll 1$ と仮定し，$1 \ll x$ のとき $(1+\frac{a}{x})^x \approx e^a$ の近似式を使った．触媒の数 n_C のときの反応生起確率を，

$$\Pr(n_C) = 1 - e^{-pn_C}$$

と定義する．この反応にもうひとつの要因 D が必要なら，生起確率は D の数を n_D として，

$$\Pr(n_C, n_D) = 1 - e^{-pn_C n_D}$$

となる．単位時間経過後，この反応によって X の数 n_X，Y の数 n_Y がそれぞれ n'_X, n'_Y になったとすれば，

$$n'_X = n_X(1 - \Pr(n_C))$$
$$n'_Y = n_Y + n_X\Pr(n_C)$$

と表される．

7.4 光合成の $\mathbb{R}_+$ 部分集合型 P システムモデル

ひとつの葉緑体を皮膜とその中のチラコイド膜の入れ子型次数 2 の膜構造とする．皮膜の領域は S，チラコイド膜の内側領域は L とする．チラコイド膜は膜の中領域 $\mathbf{m}_L$ を持つ．チラコイド膜はいくつも積み重なった状態が観察されており，積み重なると光合成の反応が異なるという実験結果もある．しかし，ここでは簡単のため上述の単純構造とする．

146 　第 7 章　P システムの応用 1：光合成のモデル

オブジェクトの集合は $O = \{H^+, NADP, NADPH, PSI, PSIIh, PSIII\}$ である．
領域 $S, \mathbf{m}_L, L$ にそれぞれ規則の集合 $R_S = \{R_S 1, R_S 2, R_S 3\}$, $R_{\mathbf{m}_L} = \{R_{\mathbf{m}_L} 1, R_{\mathbf{m}_L} 2\}$,
$R_L = \{R_L 1\}$ がある．各規則は次のとおりである．

$$R_S 1(2) : NADP \to (1 - 2r_2)[NADP]_S\, NADP, 2r_2[NADP]_S\, NADPH$$

$$R_S 2(5, 9) : NADPH \to (1 - r_5 - 2r_9)[NADPH]_S\, NADPH,$$

$$(r_5 + 2r_9)[NADPH]_S\, NADP$$

$$R_S 3(2, 3, 7, 9) : H^+ \to (1 - 6r_1 - 4r_7 - 2r_9)[H^+]_S\, H^+, (4r_1[H^+]_S\, H^+, in_L)$$

$$R_{\mathbf{m}_L} 1 : PSIIh \to ((1 - r_{PS})[PSIIh]_{\mathbf{m}_L})PSIIh, r_{PS}[PSIIh]_{\mathbf{m}_L}\, PSIII$$

$$R_{\mathbf{m}_L} 2 : PSIII \to (1 - r_{hk})[PSIII]_{\mathbf{m}_L}\, PSIII, r_{hk}[PSIII]_{\mathbf{m}_L}\, PSIIh$$

$$R_L 1(1, 4, 6, 8) : H^+ \to ((1 - r_8)[H^+]_L + (r_1 + r_6)C_L - r_5 C_{ATP})\, H^+,$$

$$(r_5 C_{ATP} H^+, out).$$

括弧内の数字は 7.2 節で述べた反応の番号である．$R_{\mathbf{m}_L}$ の規則は光化学系 II
の活性変化を表現しており，7.2 節には対応する反応式はない．これらの規
則中の定数パラメータ C_L, C_{ATP} は，それぞれ内腔における最大の水分解率
とチラコイド膜における最大の ATP 合成率を示す．反応の生起率 r_x は前節
の一般式から得られ，それぞれ次で表される．

$$r_1 = 1 - \exp(-p_1 \nu[PSIIh]_{\mathbf{m}_L}) + 1 - \exp(-p_1' \nu[PSIII]_{\mathbf{m}_L})$$

$$r_2 = 1 - \exp(-p_1 \nu[PSI]_{\mathbf{m}_L})$$

$$r_5 = \begin{cases} 2(1 - \exp(-p_1 \nu_0[PSI]_{\mathbf{m}_L})) & \dfrac{[H^+]_L}{[H^+]_S} \geq \theta_{ATP} \text{ のとき} \\ 0 & \text{それ以外} \end{cases}$$

$$r_6 = r_7 = \begin{cases} 0 & [NADP]_S \geq \theta_{NADP} \text{ のとき} \\ r_1 & \text{それ以外} \end{cases}$$

$$r_8 = r_9 = \begin{cases} 0 & [H^+]_L \leq \theta_{H^+} \text{ のとき} \\ \dfrac{1 - \exp(-p_8([H^+]_L - [H^+]_S))}{4} & \text{それ以外} \end{cases}$$

$$r_{PS} = 1 - \exp(-p_{PS} \nu[PSIIh]_{\mathbf{m}_L}),$$

$$r_{hk} = 1 - \exp(-p_{hk})$$

このうち r_{PS} と r_{hk} は PSIIh が PSIII に変化する率とその逆の変化率である. 後者は光の強度に依存せず一定としている. ν は光の強さを示す変数であり, ν_0 は暗反応が飽和する光の強さである. その他, 上の式中の p_x, p'_x は基本反応の生起確率である. また, θ_{NADP} と θ_{H^+} は光抑制 1 が生じる閾値である. ν_0, 生起確率, 閾値はパラメータとして与える. 7.2 節の (3), (4) の反応はほかの反応と一緒にしてあるので r_3, r_4 はない (ほかの生起率に入っている).

これらの規則はステップ t における $\mathbb{R}_+$ 部分集合 $S, \mathbf{m}_L, L$ をステップ $t+1$ における $\mathbb{R}_+$ 部分集合 $S', \mathbf{m}'_L, L'$ へと次のとおり変化させる.

$$[\text{NADP}]'_S = (1 - 2r_2)[\text{NADP}]_S + (r_5 + 2r_9)[\text{NADPH}]_S$$

$$[\text{NADPH}]_{S'} = 2r_2[\text{NADP}]_S + (1 - r_5 - 2r_9)[\text{NADPH}]_S$$

$$[\text{H}^+]'_S = (1 - 6r_1 - 4r_7 - 2r_9)[\text{H}^+]_S + r_5 C_{ATP}$$

$$[\text{H}^+]'_L = 4r_1[\text{H}^+]_S + (1 - r_8)[\text{H}^+]_L + (r_1 + r_6)C_L - r_5 C_{ATP}$$

$$[\text{PSIIh}]_{\mathbf{m}'_L} = (1 - r_{PS})[\text{PSIIh}]_{\mathbf{m}_L} + r_{hk}[\text{PSIII}]_{\mathbf{m}_L}$$

$$[\text{PSIII}]_{\mathbf{m}'_L} = r_{PS}[\text{PSIIh}]_{\mathbf{m}_L} + (1 - r_{hk})[\text{PSIII}]_{\mathbf{m}_L}$$

これらの式のとおり, 遷移は決定的である.

初期様相では領域 $S, \mathbf{m}_L, L$ にそれぞれ初期 $\mathbb{R}_+$ 部分集合 $S_0, \mathbf{m}_{L0}, L_0$ がある. それらの内容はシミュレーションのときに決める. このシステムは停止しない. ただし, シミュレーションを見ると, ある程度ステップ数が進むと周期変化になる. それを定常状態として出力と見なすこともできる.

7.5　計算機実験

前節で作った $\mathbb{R}_+$ 部分集合型 P システムの振る舞いを調べてみる. 各種パラメータと初期 $\mathbb{R}_+$ 部分集合をどう与えるかをまず検討する.

原則から言えば, パラメータ類は実験・観察の結果から決めるのが本筋である. 残念ながら, システムのパラメータとしてあつらえ向きのデータは (論文やインターネットの中には) 見つからない. 実験家が友人にいればデータを取ってもらえるかもしれないが, それもない. そこで, 入手しやす

148 第 7 章 P システムの応用 1：光合成のモデル

いデータを基に，文献で取り上げられていない項目については矛盾がないと考えられる数値を割り当てる．

［実験方法］水素イオンの数やその閾値 (θ_{H^+}) は葉緑体の体積 (10^{-14} リットル程度) と実際の pH ($4 \sim 6$) により算出した．NADP, PSI, PSII は「相対的な量」とし，1000 を基準（初期値）としてその後の変化を見る．光の強さも「相対的」とし，「標準」を 1000，「強」を 10000，「最強」[4] を 100000 として，それぞれの強さの下でのシステムの挙動を求める．暗反応の飽和に相当する ν_0 は 1000 とした．そのほかの反応確率，閾値などの定数類は，様々な値の組合せを予備実験で試し，矛盾のない結果が出るものを選んだ．

実験した様々なパラメータの組合せの中で，興味深い振る舞いが見られたものを紹介する．

それらのパラメータの下で，暗黒 ($\nu = 0$)，標準光 ($\nu = 1000$)，強光 ($\nu = 10000$)，最強光 ($\nu = 100000$) の光条件と，PSII の活性変化（光抑制 2）あり・なしの組合せを試す．暗黒条件はシステムの安定性を検査するために行う．光がなければ初期値は変化しないはずであるから，変化しない結果でもってよしとする．したがって，それはいちいち述べない．

パラメータ $p_1, p_1', p_8, p_{hk}, p_{PS}, C_L, C_{ATP}, \theta_{ATP}$ は，本節で紹介する実験ではすべて同一で，次の値に設定した．

p_1	p_1'	p_8	p_{hk}	p_{PS}	C_L	C_{ATP}	θ_{ATP}
10^{-9}	10^{-10}	10^{-5}	0.01	10^{-8}	30000	500	10

また，初期 $\mathbb{R}_+$ 部分集合も共通で次の値である．

---

4) 「最強」は，ここで実験した中で最強という意味で，植物が受ける最強の光という意味ではない．

x	$[x]_{S_0}$	$[x]_{\mathbf{m}_{L_0}}$	$[x]_{L_0}$
H^+	3000	0	3000
NADP	1000	0	0
NADPH	0	0	0
PSI	0	1000	0
PSIIh	0	1000	0
PSIIl	0	0	0

比較の基準になるパラメータの組合せは,

θ_{H^+}	v_0	θ_{NADP}
30000	1000	200

とした. この標準パラメータで光抑制2の活性ありを「標準e」, なしを「標準d」と名付ける. これと比較するのは θ_{H^+} を増加あるいは減少する, v_0 を増加あるいは減少する, 光抑制1をなくするパラメータの組合せである. θ_{H^+} を増加するのは,

θ_{H^+}	v_0	θ_{NADP}
60000	1000	200

とし, 光抑制2ありを $L\theta_{H^+}e$, なしを $L\theta_{H^+}d$ と名付ける. θ_{H^+} を減少した組合せは,

θ_{H^+}	v_0	θ_{NADP}
15000	1000	200

とし, 光抑制2ありを $S\theta_{H^+}e$, なしを $S\theta_{H^+}d$ と名付ける. v_0 の増加は,

θ_{H^+}	v_0	θ_{NADP}
30000	10000	200

であり, 光抑制2のあり・なしをそれぞれ Lv_0e, Lv_0d とする. v_0 の減少は,

表 7.1 それぞれの実験結果.表中の数値は左から内腔の H^+,ストロマの H^+,ストロマの NADPH の数の平均である.

実験名	標準光	強光	最強光
標準 d	$(2.9 \times 10^4, 128, 330)$	$(2.9 \times 10^4, 13, 465)$	$(3.7 \times 10^4, 1.4, 548)$
標準 e	$(2.9 \times 10^4, 195, 374)$	$(2.9 \times 10^4, 37, 682)$	$(3.0 \times 10^4, 5.2, 777)$
$L\theta_{H^+}$ d	$(5.6 \times 10^4, 146, 394)$	$(5.7 \times 10^4, 15, 604)$	$(6.0 \times 10^4, 1.5, 652)$
$L\theta_{H^+}$ e	$(5.6 \times 10^4, 222, 427)$	$(5.6 \times 10^4, 36, 750)$	$(5.7 \times 10^4, 5.0, 838)$
$S\theta_{H^+}$ d	$(1.5 \times 10^4, 104, 249)$	$(1.5 \times 10^4, 10, 322)$	$(3.7 \times 10^4, 1.4, 549)$
$S\theta_{H^+}$ e	$(1.5 \times 10^4, 158, 302)$	$(1.5 \times 10^4, 30, 554)$	$(1.6 \times 10^4, 5.5, 720)$
Lv_0d	$(2.9 \times 10^4, 1280, 85)$	$(2.9 \times 10^4, 124, 330)$	$(3.7 \times 10^4, 14, 422)$
Lv_0e	$(2.9 \times 10^4, 1990, 88)$	$(2.9 \times 10^4, 362, 426)$	$(3.0 \times 10^4, 61, 753)$
Sv_0d	$(2.9 \times 10^4, 13, 464)$	$(3.7 \times 10^4, 1.4, 549)$	$(1.1 \times 10^5, 30, 788)$
Sv_0e	$(2.9 \times 10^4, 19, 558)$	$(3.0 \times 10^4, 3.7, 729)$	$(7.9 \times 10^4, 30, 822)$
no1d	$(1.5 \times 10^6, 171, 499)$	$(1.5 \times 10^7, 17, 908)$	$(1.4 \times 10^8, 1.8, 990)$
no1e	$(9.7 \times 10^5, 260, 499)$	$(5.1 \times 10^6, 49, 908)$	$(2.8 \times 10^7, 9.0, 990)$

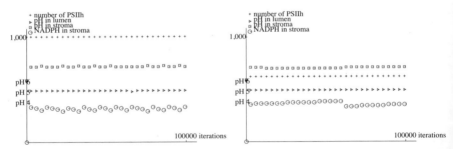

図 7.3 標準条件での光合成モデル P システムの計算結果.左は光抑制 2 なし右は光抑制 2 あり

θ_{H^+}	v_0	θ_{NADP}
30000	100	200

であり,光抑制 2 のあり・なしをそれぞれ Sv_0e, Sv_0d とする.光抑制 1 は,

θ_{H^+}	v_0	θ_{NADP}
10^{14}	1000	0

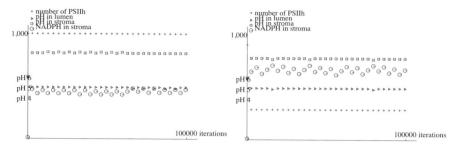

図 7.4　強光条件での結果．左は光抑制 2 なし，右は光抑制 2 あり

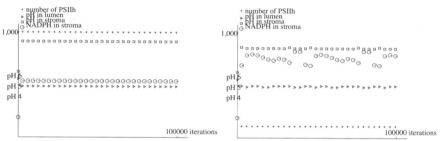

図 7.5　最強光条件での結果．左は光抑制 2 なし，右は光抑制 2 あり

とすれば起きなくなる．このときも光抑制 2 はありとなしを設定し，それぞれ no1e, no1d とする．

以上のパラメータの組合せで 10 万ステップまでシステムの変化を求めた結果を表 7.1 に示す．表中の 3 つ組数値は左から内腔の H^+，ストロマの H^+，ストロマの NADPH の数を全ステップについて平均したものである．標準条件でのステップごとの変化を図 7.3, 7.4, 7.5 に示す．

Sv_0d, Sv_0e と最強光条件では，シミュレーション中にストロマの H^+ がマイナスになった．そうなると H^+ の数を 30 にして計算を再開したが，結果の信頼性は減少する．1 ステップに変化する量が大きすぎて非現実的振る舞いを示したと考えられる．確率パラメータを小さくしステップ数を増やせばさけられる（予備実験で確認している）が，元々 Sv_0 と最強光の組合せは非現実的なのでそのままとする．

［結果と考察］それぞれの結果について考察する．標準の結果から，光抑制 2 は光が強いとき内腔の H^+ 濃度上昇を抑えられることがわかる．その差は

152　第 7 章　P システムの応用 1：光合成のモデル

光抑制 2 がないときに比べて小さいのであるが，NADPH が多いことから光抑制 1 で起こる「空回り」の反応を抑えて光合成の効率を保っていると考えられる．

ν_0 は暗反応の飽和に対応するので，ν_0 を小さくすれば弱い光に適応した日陰の植物に相当する．表 7.1 から弱い光で光合成の効率が上がり，非常に強い光には耐えられないことがわかる．ν_0 が大きければ強い光に適応していることになる．表 7.1 からもこのことが確認できる．

θ_{H^+} が変化すると光抑制 1 の効き具合を変えることができるかどうか調べるのが Lθ_{H^+}x, Sθ_{H^+}x（x は e か d）の実験である．θ_{H^+} を大きくすると光抑制 1 は効きにくくなるはずであるが，表 7.1 の Lθ_{H^+}x からそれが確認できる．逆に，θ_{H^+} を小さくすると光抑制 1 がよく効くことも Sθ_{H^+}x の結果から見て取ることができる．

光抑制 1 を完全になくすと H$^+$ の数がとんでもない値になることが no1x の実験からわかる．その場合も光抑制 2 は「孤軍奮闘」で働いているが効果が不十分なことも見て取ることができる．

以上まとめると，光抑制 1 は光合成を安全に行う上で必須であり，葉緑体の基本機能とすべきである[5]．光抑制 2 も有効であるが，光抑制 1 に代わることはできない．しかし，光合成の効率を上げる働きをしている可能性がある．このような P システムを用いた数値実験が生物の研究，つまり試験管を振る実験をやっている人に役立てばうれしい限りである．

7.6　微分方程式をたてられるか

この節では，7.2 節の式 7.1〜7.9 を基に微分方程式を作って解析できるか試してみる．

反応式に出現する分子のうち，H_2O, O_2, CO_2 は大気あるいは土壌から供給されるので常に十分な量が存在するとしてよい．ADP も重要な分子なので細胞の調節機能により十分な量が存在しているとしてよいだろう．これらの分子の数は一定で変化しないとする．そこで，NADP，内腔の H$^+$，ス

---

5)　光抑制 1 は仮説ではなく，定説と見られている．

7.6 微分方程式をたてられるか　153

トロマの H^+ の数を変数とする．NADP と NADPH の和は一定であるから，NADPH の数は独立変数でない．

　P システムを使うモデル化では，7.3, 7.4 節で見たように反応式から直接に反応の生起率を割り出すことができた．では同様の生起率を使って，光抑制 2 がない場合の微分方程式をたててみる．

$$\frac{dN}{dt} = (1 - 2r_2)N + (r_5 + 2r_9)(T_N - N) \tag{7.10}$$

$$\frac{dH_S}{dt} = (1 - 6r_1 - 4r_7 - 2r_9)H_S + r_5C_{ATP} \tag{7.11}$$

$$\frac{dH_L}{dt} = (1 - r_8)H_L + 4r_1H_S + (r_1 + r_6)C_L - r_5C_{ATP} \tag{7.12}$$

ここで N, H_S, H_L はそれぞれ NADP，ストロマの H^+，内腔の H^+ の数を表す変数であり，T_N は NADP と NADPH の数の和で定数である．反応の生起率 $r_1 \sim r_9$ は，

$$r_1 = p_1\nu\text{PSII}$$

$$r_2 = p_1\nu\text{PSI}$$

$$r_5 = 2p_1\nu_0\text{PSI}$$

$$r_6 = r_7 = \begin{cases} 0 & N \geq \theta_{\text{NADP}} \\ r_1 & \text{それ以外} \end{cases}$$

$$r_8 = r_9 = \begin{cases} 0 & H_L \leq \theta_{\text{H}^+} \\ \frac{1-\exp(-p_8(H_L-H_S))}{4} & \text{それ以外} \end{cases}$$

で与えられる．7.4 節と違い，r_8, r_9 をのぞいて指数関数になっていない．それは，たとえば $r_1 = 1 - \exp(-p_1\nu\text{PSII})$ となる（PSIIh と PSII を区別しないからこうなる）ところを，指数関数をテイラー展開し，$p_1\nu\text{PSII}$ はごく小さいから 1 次の項だけを残して $r_1 = p_1\nu\text{PSII}$ としてある．r_8, r_9 はそのような近似ができないので指数関数がある．

　式 7.10, 7.11, 7.12 は，係数が不連続に変わるなど非線形方程式になっているから解析的には解けない．

　第一の試みとして，光抑制 1 をなくしてみる．すると係数 $r_6 \sim r_9$ を 0 に

154 第 7 章　P システムの応用 1：光合成のモデル

できる. 式は,

$$\frac{dN}{dt} = (1 - 2r_2)N + r_5(T_N - N) \tag{7.13}$$

$$\frac{dH_S}{dt} = (1 - 6r_1)H_S + r_5 C_{ATP} \tag{7.14}$$

$$\frac{dH_L}{dt} = H_L + 4r_1 H_S + r_1 C_L - r_5 C_{ATP} \tag{7.15}$$

と線形になった. これを解くと,

$$N = A_k e^{k_N t} - \frac{r_5 T_N}{k_N} \tag{7.16}$$

$$H_S = A_S e^{k_S t} - \frac{r_5 C_{ATP}}{k_S} \tag{7.17}$$

$$H_L = \frac{4r_1 A_S}{k_S - 1} e^{k_S t} + C_0 e^t + C \tag{7.18}$$

が得られる. ここで k_N, k_S, C は次で与えられる.

$$k_N = 1 - 2r_1 - r_5$$

$$k_S = 1 - 6r_1$$

$$C = -r_1 C_L + r_5 C_{ATP} + \frac{4r_1 r_5 C_{ATP}}{k_S}.$$

また A_k, A_S, C_0 は積分定数で初期条件により決まる.

さて, 式 7.16, 7.17, 7.18 を眺めると都合の悪いことに気づく. 時間変数 t が指数関数の肩に乗っているから, 時間とともにこれらの値は限りなく大きくなるか, 一定値になるかのいずれかである. 係数 k_N, k_S が負なら N と H_S は一定値に落ち着いてくれる. しかし, H_L は $C_0 e^t$ の項があるから大きくなる一方である. どうもこの解は現実を反映していないようだ. 光抑制 1 をなくした場合, P システムモデルでも非現実的結果が出たから, これはこれでよいとして次を考える.

非連続の係数変化をなくすため, $\theta_{NADP} = \infty, \theta_{H^+} = 0$ とする. そうすると光抑制 1 はどんなに光が弱くても働くことになるが, 方程式は次のとおりにまとめられる.

$$\frac{dN}{dt} = (1 - 2r_2)N + (r_5 + \frac{1 - e^{-p_8(H_L - H_S)}}{2})(T_N - N) \tag{7.19}$$

$$\frac{dH_S}{dt} = (1 - 10r_1 - \frac{1 - e^{-p_8(H_L - H_S)}}{2})H_S + r_5 C_{ATP} \tag{7.20}$$

$$\frac{dH_L}{dt} = (1 - \frac{1 - e^{p_8(H_L - H_S)}}{4})H_L + 4r_1 H_S + 2r_1 C_L - r_5 C_{ATP} \tag{7.21}$$

微分方程式はできたものの，これは解きようがない．時間を細かく刻んで数値的に解いていくしかない．しかし，それはPシステムモデルと同じことになる．Pシステムのほうが背後にある現象とモデルが直接対応しているから，結果の解釈，特におかしな振る舞いの解釈が素直にでき，モデルの改良も容易である．微分方程式を数値的に解いて予期せぬ挙動が現れたとき，それは解き方が悪かったのか元の方程式の性質なのか調べるにも一苦労である．

そもそも，微分方程式 7.10, 7.11, 7.12 は反応式 7.1〜7.9 による分子数の変化をきちんと記述した式かと言うと，全く自信がない．7.3, 7.4 節で考察した変化率は短いとはいえ離散的時間を前提にした．それを「時間間隔を限りなく 0 に近づけたときの極限 = 微分係数」として扱うのは，やはり間違っている気もする．本章のはじめに書いたとおり，生物の世界では微分方程式を使う数値計算モデルは確立されてない．それに対し，Pシステムは数値計算モデルになり得ることをこの章で示した．

この章の内容は拙論文 [10, 13] の内容を中心に，本書の記述にあわせて修正した．

ここでは P システムの生物学への応用として，光合成のモデル化を紹介した．わかりやすくかつ現象を表現する力もあるモデルができたと自負しているのであるが，いかがであろうか．P システムを使って生物のモデルを作る研究はヨーロッパの研究者たちが進めており，専用のシミュレーションプログラムを開発するプロジェクトも走っている．より詳しいことを知るには P システムのウェブサイト [28] が役に立つであろう．

第8章　Ｐシステムの応用2：膜アルゴリズム

> この章では膜計算の発想を用いて，普通に解いたのでは時間がかかり
> すぎる問題を効率良く近似的に解く，膜アルゴリズムを紹介する．ま
> ず，膜アルゴリズムはＰシステムのどの要素を使い，どの要素を「実
> 用的」に改善したか述べる．次に，巡回セールスマン問題，関数最適
> 化問題，レーダー信号処理問題を膜アルゴリズムで解いた例を紹介す
> る．最後に，単に従来の方法より良い近似解が求まること以外に，膜
> アルゴリズムの利点と考えられること，解の改良状況を「可視化」で
> きることに触れる．

8.1　膜アルゴリズムの基本

　この章ではＰシステムの考え方を最適化問題の近似解法に応用した膜ア
ルゴリズムを紹介する．取り組むのは巡回セールスマン問題などの $\mathcal{NP}$ 困
難最適化問題[1]である．第5章で $\mathcal{NP}$ 完全や $\mathcal{PSPACE}$ 完全問題を決定性多
項式時間で解くＰシステムが存在することを示した．だがそのＰシステム
を「実装」するのは今のところ夢物語，SF の世界である．入力の大きさの
指数関数個になる膜を作りようがない．だがここであきらめてはいけない．
Ｐシステムには膜を分裂させる以外に，「膜で区切られ独立した領域がいく
つかある」，「領域間の輸送がある」，「領域内でオブジェクトを変化させる規
則がある」などの特徴がある．特に，各領域で並列に規則を適用する方法が

---

1)　対応する判定問題が $\mathcal{NP}$ 困難である最適化問題をこう呼ぶことにする．

158   第8章　Pシステムの応用2：膜アルゴリズム

表 **8.1** Pシステムと膜アルゴリズムの構成要素の対応

Pシステム	膜アルゴリズム
いくつかの領域を持つ.	いくつかの領域を持つ.
各領域にオブジェクトの多重集合がある.	各領域に解の集団がある（オブジェクト = 解）.
各領域は独立にオブジェクトを変化させる規則をもつ.	各領域は独立に解を改良する手順を持つ.
各領域は独立に隣接する領域にオブジェクトを移動する規則をもつ（変化規則の一部）.	各領域は独立に隣接する領域に解を移動する規則をもつ（改良とは別の手順とする）.
規則は並列に実行される.	サブアルゴリズム（上のふたつの手順）は並列に実行される.

埋め込んであるのは，何度も繰り返し解を改良する近似アルゴリズムにとって「利用価値」が高そうである.

　現実的に最適化問題を解くとき，Pシステムの要素で変更すべきものは何だろうか．それはオブジェクトである．これまでは 1, 2, ... と数えることができて多重集合の要素になる以外，オブジェクトには何の条件も付いていなかった．そのようなオブジェクトで問題の解を簡潔に表現するため，技巧的なワザを使った（第5章参照）．そのワザは特定の解法（指数関数的に膜を増やす）と結びついており，ほかのやり方で使うことは考えにくい．そこで，ここでは与えられた問題の暫定的な解（最適でなくてもよいからとにかく解の条件を満たす）をオブジェクトとする．そうすると規則は解を改良するアルゴリズムとなる．このアルゴリズムは領域ごとに異なってもよい（Pシステムは各領域にそれぞれ規則がある）．よって，各領域で解を改良するアルゴリズムをサブアルゴリズムと名付ける.

　次に領域間の輸送について考えてみる．Pシステムではオブジェクトの変化規則に輸送も付いているか，輸送だけで様相を変化させるのが一般的であった．しかし，ここでは変化と輸送を分けて行いたい．繰り返し解を改良する近似アルゴリズムの多くは，改良された解のうち残すものと捨てるものを選ぶ選択の段階を持つ．輸送はある解（オブジェクト）を <u>選んで</u> ほかの領域へ送るのであるから選択の機能を持たせることができる.

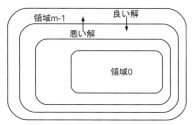

図 8.1 最初に提案した膜アルゴリズムにおける膜構造と解の移動. 外側から領域 $m-1, \ldots$, 領域 0 とする.

以上の考察をまとめると表 8.1 になる.

サブアルゴリズムとしては遺伝的アルゴリズム, 進化アルゴリズム, 焼き鈍し法, 禁断探索法, 量子アルゴリズムなど多様なアルゴリズムが考えられる.

最後に膜構造について触れる. 著者が最初に提案した膜アルゴリズムでは図 8.1 の完全入れ子型を採用した. これで良い解を内側, 悪い解を外側の領域に輸送することにすれば, 自然と最良解が一番内側の領域 (= 出力領域) に行くことになる. その後, ほかの研究者によりほかの膜構造が用いられ, どんな膜構造が良いかも研究の対象になっている. この件はあとでまた触れる.

8.2 巡回セールスマン問題と局所探索

これから 3 つの節にわたって巡回セールスマン問題を解く膜アルゴリズムを考えていく. この節では巡回セールスマン問題を定義し, その解法のひとつである局所探索について見ていく.

〈定義 8.1：巡回セールスマン問題〉巡回セールスマン問題（travelling salesman problem, 略して TSP）は n 個の頂点 $(v_1, v_2, \ldots, v_n)$ と各頂点間の距離 $d(v_i, v_j)$（i, j は 1 から n のすべての組合せ, ただし $i = j$ は除く）が与えられたとき $v_1, \ldots, v_n$ を並べ替えた系列 $s = (u_1, \ldots, u_n)$（巡回路）のうち, $W(s) = \sum_{i=1}^{n-1} d(u_i, u_{i+1}) + d(u_n, u_1)$ が最小のものを求める問題である. この設定は $W(s)$ を最小化する最適化問題になる. 一方, $W(s)$ の上限をあらかじめ与えておいて, その上限以下になる巡回路があるかどうか yes/no で答える

160　第 8 章　P システムの応用 2：膜アルゴリズム

問題は判定型 TSP と呼ばれる．〈定義 8.1 終わり〉

　判定型 TSP は $\mathcal{NP}$ 完全であることが知られている．ここでは各頂点 v_i は 2 次元平面上の点 (x_i, y_i) とし，距離 $d(v_i, v_j)$ は v_i, v_j の座標を $(x_i, y_i), (x_j, y_j)$ として，幾何学的距離，

$$d(v_i, v_j) = \sqrt{(x_i - x_j)^2 + (y_i - y_j)^2}$$

により与えられる最適化 TSP を取り扱う．

　n 頂点の TSP では n 個の重複しない頂点からなる系列 $s = (u_1, \ldots, u_n)$ はどれも解の候補，つまり暫定解である．可能なすべての頂点の系列を調べれば最適解はわかる．しかし，可能なすべての頂点の系列は $(n-1)!$（始点の頂点は固定してよいので n ではなく $n-1$）あるから，総当たりで解を求めるのは非現実的である．

　暫定解を少しずつ変化させ，良い解（距離の和がより小さい）が得られればそれを新たな暫定解とする操作を繰り返して近似解を求める方法を，**局所探索** (local search) と言う．局所探索を繰り返すと，もうそれ以上解は改良できないが，もし，大きく解を変化させればより良い解が得られる，という状態（解）が出てしまうことがある．そのような解を**局所（極小）解** (local (minimal) solution) と言う．$\mathcal{NP}$ 困難最適化問題には局所解という「アリ地獄」が至る所に隠れている．

　解を少し変えて悪くなってもあきらめずに変更を繰り返すと，局所解から抜け出して良い解が得られることがある．そうするため，悪い解になってもある確率でその解を採用する．確率を与えるため，温度と呼ばれるパラメータ T を導入する．元の解を s, 新しい解を s' とし，それぞれの重みを $W(s), W(s')$ とする．もし，$g = W(s') - W(s)$ が負ならば s' のほうが良い解だから無条件で s' を採用する．g が正であっても $\exp \frac{-g}{T}$ の確率で s' を採用する．T ははじめ大きな値を設定して少しずつ減らしていく．この近似アルゴリズムが**焼き鈍し法** (simulated annealing) である．

　局所探索や焼き鈍し法で解を少し変化させるときは，頂点の系列を一部入れ替える．順列において最も単純な入れ替えはふたつの要素を交換する，

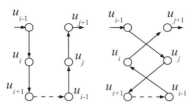

図 8.2　一対の頂点の巡回順を交換する．左の u_i と u_j の順序を交換すると右の図になる．

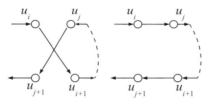

図 8.3　ふたつの頂点の間の巡回順を逆にする．左で $u_i, u_{i+1}, \ldots, u_j, u_{j+1}$ と回っているのを，右では u_i から u_j，次に u_j から u_{i+1} へ行って u_{j+1} に至る．

つまり，$\ldots, u_{i-1}, \underline{u_i}, u_{i+1}, \ldots, u_{j-1}, \underline{u_j}, u_{j+1}$ を $\ldots, u_{i-1}, \underline{u_j}, u_{i+1}, \ldots, u_{j-1}, \underline{u_i}, u_{j+1}$ にすることである．しかし，図 8.2 から明らかなとおり，距離の和においては大きな変化をもたらす．それより，$\ldots, u_{i-1}, u_i, \overline{u_{i+1}, \ldots, u_{j-1}, u_j}, u_{j+1}$ を $\ldots, u_{i-1}, u_i, [u_{i+1}, \ldots, u_{j-1}, u_j]^R, u_{j+1}$ とするほうがよい．ここで，$[v_k, \ldots, v_l]^R$ は $v_k, \ldots, v_l$ を逆順にした系列を表すとする．幾何学的距離に基づく TSP では辺が交叉すると必ず経路長が長くなる．この入れ替えは図 8.3 に見るとおり，そのような不利な形を解消できる．この交換法を 2opt 交換と呼ぶ．

8.3　巡回セールスマン問題と遺伝的アルゴリズム

　ふたつあるいはそれ以上の暫定解を基に，それぞれの解の良いところを組み合わせて新しい解を作ろうというのが**遺伝的アルゴリズム** (genetic algorithm)（省略して GA），あるいはより一般化した**進化アルゴリズム** (evolutionary algorithm) である．ここでは遺伝的アルゴリズムを利用する

　GA では暫定解は配列で表されていると仮定する[2]．ふたつの親の解 s_1, s_2

---

2)　GA の世界では個体とか遺伝子と呼んでいる．本物の遺伝子は DNA の塩基配列で決まるからこの仮定になる．本書では，個体・遺伝子とは呼ばずに，解で統一する．

162   第8章　Pシステムの応用2：膜アルゴリズム

からそれらの部分配列を交換した新しい解 s'_1, s'_2 を作る．この操作を交叉 (crossover) と呼ぶ．

　GA の改良手順は暫定解の集団 P（属する解の数を m とする）に対して次の操作を行う．

1. P に属する解をふたつずつ組にして交叉を行う．
2. 交叉後の解に一定の確率で局所探索で使われる改変操作を行う（突然変異）．
3. 交叉前の解と交叉後（突然変異後）の解をあわせた集団から良い解を m 個選んで次の世代の P とする（選択）．

　交叉は GA の中心操作であるから様々な方法が研究されている．TSP の解を頂点の系列として表したときは，単純な部分系列の交換では解でないものができてしまう．たとえば，

$$s_1 = (1, 2, 3, 4, 5)$$
$$s_2 = (5, 4, 3, 2, 1)$$

から4番目以降を交換すると，

$$s'_1 = (1, 2, 3, 2, 1)$$
$$s'_2 = (5, 4, 3, 4, 5)$$

となる．これらには同じ頂点が2回出現するので TSP の正しい巡回路ではない．TSP の条件を崩さない交叉として，ここでは後述のアルゴリズム2で示す枝交換交叉 (EXX) を用いる[3]．

　アルゴリズム2で使う記号を定義する．正の整数 n について $[n]$ は集合 $\{0, 1, \ldots, n-1\}$ を表す．n 頂点の TSP の（擬）巡回路 X は関数 $X : [n] \to [n]$ である．X が全単射ならば巡回路である．そうでないときは X を擬巡回路と呼ぶ．$i \in [n]$ について $X(i)$ は（擬）巡回路 X の i 番目の頂点である．（擬）巡回路 X と整数 $i \in [n]$ について，$E(X, i)$ は X の i 番目の辺を表す，つ

---

3)　枝交換交叉はアルゴリズム2のとおりかなり複雑で，正しい巡回路を作ることは自明ではない．よって，やや長くはなるがアルゴリズムが正しいことの証明も付ける．

8.3 巡回セールスマン問題と遺伝的アルゴリズム 163

アルゴリズム 2 枝交換交叉アルゴリズム (EXX)

1: $i \in [n]$ を乱数を使って選ぶ
2: j を $s(E(B, j)) = s(E(A, i))$ となる整数とする
3: 新しい（擬）巡回路 A', B' を次によって作る

$$A'(k) = \begin{cases} A(k) & 0 \le k \le i, \ \text{あるいは} \ i+2 \le k \le n-1 \\ t(E(B, j)) & k = i+1 \end{cases}$$

$$B'(k) = \begin{cases} B(k) & 0 \le k \le j, \ \text{あるいは} \ j+2 \le k \le n-1 \\ t(E(A, i)) & k = j+1 \end{cases}$$

4: $t(E(A, i)) \neq t(E(B, j))$ の間，以下を繰り返す
/*もし $t(E(A, i)) = t(E(B, j))$ となると，A' と B' は巡回路であるから
アルゴリズムは終了する．補題 8.1 参照*/
5: i' と j' を $s(E(A, i')) = t(E(B, j))$ および $s(E(B, j')) = t(E(A, i))$
を満たす整数とする
6: （擬）巡回路 A'' と B'' を表 8.2 の式 8.1, 8.2, 8.3, 8.4 によって作る
7: $i \leftarrow i'$, $j \leftarrow j'$, $A \leftarrow A''$, $B \leftarrow B''$ とする（変数の値を更新する）
8: 新しい（擬）巡回路 A', B' を表 8.2 の式 8.5, 8.6 によって作る

まり，$E(X, i) = (X(i), X((i+1) \bmod n))$ である．（擬）巡回路の辺 e 対して $s(e)$ と $t(e)$ はそれぞれ e の始点と終点を表す．次の式は自明である．

$$s(E(X, i)) = X(i)$$

$$t(E(X, i)) = X((i + 1) \bmod n)$$

いちいち $\bmod n$ と書くのはわずらわしいので，この節ではすべての加算は $\bmod n$ で計算してあると仮定する．

アルゴリズムの証明をする前に例をひとつ挙げよう．

〈例 8.1：枝交換交叉〉次の表で与えられる巡回路 A と B を考える．

x	0	1	2	3	4	5	6	7
$A(x)$	0	1	2	3	4	5	6	7
$B(x)$	1	4	3	0	5	6	2	7

i を 1 としたとき，アルゴリズム 2 により（2 から 6 行で）$j = 0$, $i' = 4$, $j' = 6$ となる．擬巡回路 A'', B'' と 8 行目で作られる A', B' は，

164　第 8 章　P システムの応用 2：膜アルゴリズム

表 8.2　アルゴリズム 2 で用いる式

$i < i'$ の場合

$$A''(k) = \begin{cases} A'(k) & 0 \le k \le i+1 \text{ あるいは } i' \le k \le n-1 \\ A(i+i'+1-k) & i+2 \le k \le i'-1 \end{cases} \tag{8.1}$$

$i' < i$ の場合

$$A''(k) = \begin{cases} A'(k) & i' \le k \le i+1 \\ A(i+i'+1-k) & 0 \le k \le i'-1 \text{ あるいは } i+2 \le k \le n-1 \end{cases} \tag{8.2}$$

$j < j'$ の場合

$$B''(k) = \begin{cases} B'(k) & 0 \le k \le j+1 \text{ あるいは } j' \le k \le n-1 \\ B(j+j'+1-k) & j+2 \le k \le j'-1 \end{cases} \tag{8.3}$$

$j' < j$ の場合

$$B''(k) = \begin{cases} B'(k) & j' \le k \le j+1 \\ B(j+j'+1-k) & 0 \le k \le j'-1 \text{ あるいは } j+2 \le k \le n-1 \end{cases} \tag{8.4}$$

$$A'(k) = \begin{cases} A(k) & 0 \le k \le i-1 \text{ あるいは } i+2 \le k \le n-1 \\ B(j) & k = i \\ t(E(B,j)) & k = i+1 \end{cases} \tag{8.5}$$

$$B'(k) = \begin{cases} B(k) & 0 \le k \le j-1 \text{ あるいは } j+2 \le k \le n-1 \\ A(i) & k = j \\ t(E(A,i)) & k = j+1 \end{cases} \tag{8.6}$$

x	0	1	2	3	4	5	6	7
$A''(x)$	0	1	4	3	4	5	6	7
$B''(x)$	1	2	6	5	0	3	2	7
$A'(x)$	0	1	4	3	2	7	6	7
$B'(x)$	1	2	6	5	0	3	4	5

となる．次の繰り返しでは $i = 4, j = 6, i' = 7, j' = 3$ となり，A'' および B'' は，

x	0	1	2	3	4	5	6	7
$A''(x)$	0	1	4	3	2	7	6	7
$B''(x)$	6	2	1	5	0	3	4	5

となる．そこで $i = 7, j = 3$ となって終了条件が満たされる．結果として，

x	0	1	2	3	4	5	6	7
$A'(x)$	0	1	4	3	2	7	6	5
$B'(x)$	6	2	1	7	0	3	4	5

の巡回路が得られる.〈例 8.1 終わり〉

アルゴリズム 2 が巡回路を出力することの証明は,ふたつの補題を用いる.

補題 8.1 $A, B, A', B', A'', B'', i, j, i', j'$ はアルゴリズム 2 で用いられている記号とする.

1. アルゴリズムの 4 行目で $t(E(A, i)) \neq t(E(B, j))$ のとき,かつそのときに限り 3 行目あるいは 8 行目で作られた A' あるいは B' は巡回路ではない.

2. 6 行目で作られた A'' および B'' は次の性質を満たす.

   - $A''(i') = A''(i + 1)$
   - $B''(j') = B''(j + 1)$
   - $\forall x, y \in [n] - \{i', i + 1\}$ ($x \neq y$ ならば $A''(x) \neq A''(y)$)
   - $\forall x, y \in [n] - \{j', j + 1\}$ ($x \neq y$ ならば $B''(x) \neq B''(y)$)

証明 4 行目のループを回る回数の帰納法による.

最初ループに入るときは $t(E(B, j)) = B(j + 1) = A'(i + 1)$ かつ $t(E(A, i)) = A(i + 1) = B'(j + 1)$ となっている.A' は $i + 1$ 以外では A と同じなので,$A'(i + 1) \neq A(i + 1)$ のとき,およびそのときに限り巡回路でない.このとき $A'(i + 1) \neq B'(j + 1)$ つまり $t(E(A, i)) \neq t(E(B, j))$ である.B' についても同様の議論が成立する.よって 1 が示された.最初に A'', B'' が作られたとき,それらが 2 を満たすことは次により示される.$i < i'$ と仮定する.

$$A''(x) = A'(x) = A(x) \quad 0 \leq x \leq i \text{ または } i' \leq x \leq n - 1$$

$$A''(i + 1) = A'(i + 1) = B(j + 1) = s(E(A, i')) = A(i')$$

これにより $A''(i') = A''(i + 1)$ となる.また,$x = i + 2, \ldots, i' - 1$ のときは $i + i' + 1 - x = i' - 1, \ldots, i + 2$ となるのでこの範囲の x は $0 \leq x \leq i$ または

166   第 8 章　P システムの応用 2：膜アルゴリズム

$i' \leq x \leq n - 1$ の範囲の x に対する $A''(x)$ と同じ値になることはない．よって，

$$\forall x, y \in [n] - \{i', i + 1\} \ x \neq y \ \text{ならば} \ A''(x) \neq A''(y)$$

が示された．$i' < i$ のとき，および B'' についても同様である．つまり，2 が成り立つ．

　ループのある実行まで 1 と 2 が成立したと仮定する．8 行目の直前で A'' において巡回路の条件を崩しているのは，帰納法の仮定により $A''(i') = A''(i + 1)$ だけである．8 行目を実行後，以前の変数を指すときは下線を付けることにする．A' は次のようになる．

- $A'(\underline{i} + 1)$ は $t(E(\underline{B}, j)) = s(E(\underline{A}, i'))$ つまり $\underline{A''}(i')$ の値を持つ．
- $A'(i)$（$\underline{A''}(i')$ に相当）は $B(j)$ の値を持つ．
- $A'(i + 1)$ はもと $\underline{A''}(\underline{i'} + 1)$ であったのが $t(E(B, j))$ の値を持つ．

よって $t(E(B, j)) \neq \underline{A''}(\underline{i'} + 1)$ であるとき，およびそのときに限り A' は巡回路でない．ところで $t(E(A, i)) = t(E(\underline{A''}, i')) = \underline{A''}(\underline{i'} + 1)$ であるから，巡回路でない必要十分条件は $t(E(A, i)) \neq t(E(B, j))$ である．このとき，

$$A(i')(= s(E(A, i')) = t(E(B, j)) = A'(i + 1)$$

となるように i' を選ぶので，A'' の作り方から $A''(i') = A''(i + 1)$ となる．そのほかの $x \in [n] - \{i', i + 1\}$ については帰納法の仮定により 2 が成立する．B'' についても同様に示される．　　　　　　　　　　　　□

補題 8.2　アルゴリズム 2 は必ず停止する．

証明　アルゴリズム 2 が可逆，つまり，A'', B'', i, j, i', j', が与えられたとき，A と B は唯一に定まることは明らかである．このことから，このアルゴリズムはすべての擬巡回路の対からなる集合上の単射を定めることがわかる．巡回路が得られるとアルゴリズムは停止することと，すべての擬巡回路の対は有限個であることからアルゴリズムは必ず停止する．　　　　　　　　□

　補題 8.1 と 8.2 から次の定理が得られる．

定理 8.3　アルゴリズム 2 は必ず停止し，巡回路を出力する．

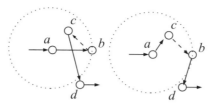

図 8.4 ブラウン法において交換する頂点(左)と交換後の巡回路(右).a を中心として (a,b) の距離より近い(円の中に入る)頂点だけ選ぶ.

8.4 巡回セールスマン問題を解く膜アルゴリズム

これまでの節で説明してきた局所探索,焼き鈍し法,遺伝的アルゴリズムを「要素技術」として膜アルゴリズムを作る.ただし,焼き鈍し法では温度を一定にする.すると「焼き鈍し」ではなくなるので,温度パラメータ付き局所探索,略して**ブラウン法**(Brownian method)[4]とする.

実装したブラウン法では,次のとおりかなり「総当たり的」に交換する辺を探している.作業対象の頂点を a とする(作業対象の選び方は後ほど述べる).作業中の解で a の次になる頂点を b とする.a からの距離が (a,b) の距離より小さい頂点 c を選ぶ.選び方は (a,c) の距離が小さいものから先にすべて試す.作業中の解で c の次になる頂点を d とする(図 8.4 左).

そこで巡回路 $(\ldots,a,b,\ldots,c,d,\ldots)$ より $(\ldots,a,c,$ 逆順 $,b,d,\ldots)$ のほうが短くなる,あるいは長くても温度による確率で採用されれば,後者を作業中の解とする(図 8.4 右).この作業は (a,b) の距離より小さい頂点がある限り行う.

作業対象の頂点 a は最初,解の先頭を選び,次からは(変更されたかもしれない)作業中の解において,2 番目,3 番目,$\ldots$ と選んでいく.頂点間の距離や距離の近い頂点の順はあらかじめ計算しておくことができるから,単に配列を調べるだけでわかる.二重のループを行うので,全体の時間計算量は頂点の数 n の 2 乗である.

EXX 交叉をする領域を GA 領域,ブラウン法をする領域を B 領域とする.

---

[4] 液体中の微粒子はでたらめな熱運動をする液体分子が常にぶつかるため,不規則な運動をしている.発見者にちなんでブラウン運動と言う.温度パラメータに依存して解が動くのでこう名付ける.

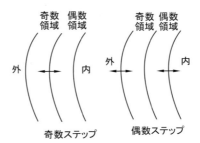

図 8.5 暫定解を 1 個だけ持つ領域間の解の輸送法

それぞれの詳細は次のとおりである．

- GA 領域

- 解の数：2
- 改良法：ふたつの解に EXX 交叉を施す．
- 解の輸送法：交叉前の解と交叉後の解，計 4 個の解のうち，最良解を内側の領域，最悪解を外側の領域と交換する．残った解ふたつと他領域から来た解をあわせ，良いほうからふたつを次のステップに残す．

- B 領域

- 解の数：1
- 改良法：上で述べたブラウン法を行う．
- 解の輸送法：採用された解をとなりの領域のうちどちらか一方の解と交換する．奇数領域は奇数ステップに内側，偶数ステップに外側，偶数領域は奇数ステップに外側，偶数ステップに内側と交換する（図 8.5 参照）．なお，解の交換は内側の解より外側の解が良いときだけ行われる．

全体のアルゴリズムは m 個の入れ子になった膜構造による m 領域を持ち，各領域は GA か B に指定する．最初それぞれの領域に必要な暫定解をランダムに作って配置する．以後は終了ステップ数に達するまで，全領域並

表 8.3 領域（サブアルゴリズム）の配置. AllB はすべての領域が B 領域. BGB は領域 1 が GA 領域，ほかは B 領域である. T_i は温度パラメータで $T_0 = 0, T_1 < T_2 < \cdots < T_9$ を満たす．温度が 0 の領域は純粋な局所探索になる．

領域	改良方式	
	AllB	BGB
0	B, T_0	B, T_0
1	B, T_1	GA
2	B, T_2	B, T_0
$3 \leq i \leq 9$	B, T_i	B, T_{i-2}

列に改良と輸送を交互に行う．終了時の一番内側の解（のうち最も良い解）をアルゴリズムの出力とする．

8.5 TSP を解く膜アルゴリズム：計算機実験

　この節では，前節で考案した膜アルゴリズムを用いて TSPLIB[5] のベンチマーク問題を解いた結果を紹介する．

　表 8.3 で示す配置の領域を持つ膜アルゴリズム 2 種類（AllB と BGB）および対照のため 2opt 交換を用いた焼き鈍し法と EXX 交叉を用いた遺伝的アルゴリズムについて実験をした．焼き鈍し法においても，ブラウン法と同じく「網羅的に」交換する辺を探した[6]．膜アルゴリズムの膜の数はいずれも 10 である．

　温度 T_x は解く問題に応じて次の式により設定した．問題が頂点 $v_1, \ldots, v_n$ からなるときは，

$$T_x = \begin{cases} 0 & x = 0 \text{ のとき} \\ T_{max}\theta^{m-x-1} & \text{それ以外} \end{cases}$$

ここで m は領域の数 $(m = 10)$，T_{max} と θ は次で与えられる．n は問題の頂

---

5) http://www.iwr.uni-heidelberg.de/groups/comopt/software/TSPLIB95/
　問題名は，問題グループを示すアルファベットの後に頂点数を示す数値が付いている．たとえば kroA100 は kroA グループの 100 頂点の問題である．
6) 膜アルゴリズムに使った解改良のサブルーチン（プログラミング言語は Java だから，クラス，メソッド）をそのまま使ったということ．

170 第 8 章 P システムの応用 2：膜アルゴリズム

表 8.4 膜アルゴリズムの計算機実験結果．表中の数値は最適値からのずれの 20 試行における平均を示す（パーセント）．＊印があるのは最適値が得られたことを示す．

問題	最適値	AllB	BGB	焼き鈍し	GA
kroA100	21282	0*	0*	0.07*	8.7
kroA150	26524	0.06	0.02*	0.12	8.7
kroA200	29368	0.23*	0.09*	0.29*	9.2
kroB100	22141	0.16*	0.02*	0.25*	7.8

点数である．

$$T_{max} = \frac{0.5}{\log 2} \max_{v_i \neq v_j} d(v_i, v_j)$$

$$T_{min} = \frac{0.25}{\log 20n} \min_{v_i \neq v_j} d(v_i, v_j)$$

$$\theta = \sqrt[m-1]{\frac{T_{min}}{T_{max}}}$$

　膜アルゴリズムの 1 回の試行は 200000 ステップで終了とし，20 回の試行の平均と最適値とのずれを求めた．対照の焼き鈍し法では最初の温度を上の T_{max} とし，T_{min} まで 2000000 ステップかけて一定比率で温度を下げた．試行回数は 20 回である．GA では暫定解の数（集団サイズ）を 1000 にして 10000 ステップ改良した．試行回数は 20 回である．焼き鈍し法と GA の設定はそれぞれの標準的なものと異なるかもしれないが，膜アルゴリズムの暫定解の数やステップ数になるべく近づけてこのようにした．

　結果を表 8.4 に示す．これから明らかなとおり，膜アルゴリズムは高い精度で近似解を求めることができる．表 8.4 の kroA100 の欄が AllB, BGB ともに 0＊ になっているのは，両アルゴリズムともに 20 回の試行すべてに最適解が得られたことを示している．

　GA と焼き鈍し法には大きな差があるが，これは GA が悪いというより，焼き鈍し法で使った 2opt 交換が大変効率良く解を改良していることを示すと見るべきである．ここではごく基本的な GA の操作だけ行い，選択や組み換えで使われている GA の各種技巧は使っていない．GA にも改良の余地はある．

8.6 膜アルゴリズムの変形1：関数最適化問題への応用　　　171

　一方2opt交換であるが，焼き鈍し法と組み合わせるより膜アルゴリズム
に組み込むほうがさらに良い近似をもたらすことを表8.4は示している．ま
た，単独では必ずしも良くないEXX交叉を膜アルゴリズムに「ワンポイン
トリリーフ」で出場させると2opt交換の精度をさらに上げることができる．
これは解を大きく変化させる交叉が局所解を「破壊」して，大域的最適解に
向けて局所探索をリセットしたと見なせる．特にkroA150の結果でBGB膜
アルゴリズムだけが最適解を求めていることは，交叉と組み合わせた膜アル
ゴリズムが局所解脱出能力に優れていることを示唆する．8.8節でこの仮説
を確認する実験を紹介する．

　この実験で大きな力を発揮した2opt交換であるが，非対称TSPではうま
く働いてくれない．非対称TSPは一般に$d(v_i, v_j) \neq d(v_j, v_i)$となるTSPで
ある．2opt交換では，交換によりいくつかの辺を逆向きに通ることになる
（図8.3）．非対称TSPでは，それにより重みが大きく変化し，もはや局所探
索と言えなくなる．非対称TSP向きの探索法を開発しなくてはならない．

　この節の実験により，膜アルゴリズムは，近似解を改良する手法がいくつ
かあるとき，それらを組み合わせて個々の手法では得られない効果を得る，
アルゴリズムのプラットフォームであると結論してよいだろう．

　これまで述べてきた膜アルゴリズムは拙論文[11, 12, 14, 15]とハンドブッ
ク[18]の中で著者が担当した第21章を基に本書にあわせて書き換えた．

8.6　膜アルゴリズムの変形1：関数最適化問題への応用

　この節と次の節では，著者が提案した膜アルゴリズムをほかの研究者が
少し変更して異なる問題に適用した例を紹介する．まず関数最適化問題を，
サブアルゴリズムとして進化アルゴリズムを用いて解いた，D. Zaharieと
G. Ciobanuの研究[22]を述べる．

　$\mathbb{R}^n$から$\mathbb{R}$の関数fと$\mathbb{R}^n$の部分集合Dが与えられたとき，Dの中の点x
で$f(x)$の値が値域$f(D)$の中で最小のものを見つけるのが関数最適化問題で
ある．ここでは次の関数を対象とする．

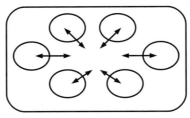

図 8.6　Zaharie と Ciobanu の膜アルゴリズムで使われたフラット型膜構造の模式図

Sphere　　　$f(x) = \sum_{i=1}^{n} x_i^2$　$(D = [-100, 100]^n)$

Ackley　　　$f(x) = -20 \exp\left(-0.2 \sqrt{\frac{\sum_{i=1}^{n} x_i^2}{n}}\right) - \exp\left(\frac{1}{n} \sum_{i=1}^{n} \cos(2\pi x_i)\right)$
　　　　　　　$+ 20 + e$　$(D = [-32, 32]^n)$

Griewank　　$f(x) = \frac{1}{4000} \sum_{i=1}^{n} x_i^2 - \prod_{i=1}^{n} \cos \frac{x_i}{\sqrt{i}} + 1$　$(D = [-600, 600]^n)$.

ここで $x = (x_1, \ldots, x_n)$ としている．Sphere, Ackley, Griewank はいずれも関数名である．これらの関数はいずれも原点 $x = (0, \ldots, 0) \in \mathbb{R}^n$ で最小値 $f(x) = 0$ を取る．

　Zaharie と Ciobanu のアルゴリズムは図 8.6 で示す膜構造を用いる．これは皮膜の中にいくつかの基本膜がある構造で，フラット型と呼ぶことにする．皮膜領域を S_0，基本膜が m 個あるとして基本膜で囲まれた領域は S_i ($1 \leq i \leq m$) とする．すべての領域は何個かの解を持つ．解は S_0 と S_i ($1 \leq i \leq m$) の間で交換される．各領域が持つ解の個数は初期様相では $k(0)$ に統一されるが，計算途中で変化することもある．領域 S_0 では局所探索，領域 $S_1, \ldots, S_m$ では進化アルゴリズム（いずれも以下で説明する）により解を改良する．ひとつの解は実数の n 項組であり，領域 D に入るベクトルである．

　局所探索は解の各座標値を微少な値，増やすあるいは減らす操作をする．皮膜領域の最良解に局所探索を施し，良くなればそれを受け入れる．

　進化アルゴリズムは 5 個の解 $x_i, x_*, x_{r_1}, x_{r_2}, x_{r_3}$ から新しい解 z_i をつくる．ここで x_i は z_i の「親」であり，x_* はその領域の最良解，$x_{r_1}, x_{r_2}, x_{r_3}$ はラン

ダムに選ばれた解である．解 X の j 番目の座標 $(1 \leq j \leq n)$ を X^j と表すことにすれば，z_i^j は次により与えられる．

$$
z_i^j = \begin{cases} \gamma x_*^j + (1 - \gamma)(x_{r_1}^j - x_*^j) + F(x_{r_2}^j - x_{r_3}^j)N(0,1) & \text{確率 } p \\ x_i^j & \text{確率 } 1 - p \end{cases} \tag{8.7}
$$

ここで γ, F, p は数値計算のときに与えるパラメータである．$N(0,1)$ は平均 0，標準偏差 1 の正規分布を表し，その分布から実数をひとつ生成し $F(x_{r_2}^j - x_{r_3}^j)$ にかけることを示す．この改良方式は，生成モードと非同期モードの 2 通りの使い方をする．

生成モード（方式 1）では領域内のすべての解 x_i $(1 \leq i \leq k(0))$ を親として新しい解 z_i を式 8.7 により作る．その後，x_i と z_i を比べ，悪いほうを消す．この方式では各領域の解の数は $k(0)$ のまま一定である．

非同期モード（方式 2）では解の個数が変化するので，k をその時点でのその領域の解の数とする．その上で 0 と 1 の間の一様乱数 u を生成して，

1. $u < P_R \wedge k < 2k(0)$ のときランダムに選んだ解 x_i $(1 \leq i \leq k)$ を親として新しい解 z_i を式 8.7 により作り，領域の解集団に加える．$k = k + 1$ とする．
2. $P_R \leq u \leq 1 \wedge \frac{1}{2}k(0) < k$ のとき一番悪い解を消す．$k = k - 1$ とする．

の操作を施す．ここで P_R は 0 と 1 の間の定数である．計算機実験では $P_R = 0.5$ としている．

いずれの方式でも解の改良は τ 回行い，その後，解の輸送をする．皮膜と基本膜領域の解の輸送は次により行う．

1. 皮膜では最良解以外をすべて消す．
2. それぞれの基本膜領域の最良解をコピーして皮膜に持ってくる．
3. 各基本膜領域の最悪解を消し，皮膜の解からランダムに選んだ解のコピーを持ってくる．

改良と輸送を一組とし，終了条件が成立するまで繰り返す．最適値（ここ

174 第 8 章 P システムの応用 2：膜アルゴリズム

表 8.5 Zaharie と Ciobanu の膜アルゴリズムの結果．各欄の上は 30 回の試行のうち，成功した回数 x ($x/30$)，下は目的の関数の値を評価した回数の平均と標準偏差を示す．

関数	単一集団	膜：方式 1	膜：方式 2
Sphere	30/30	30/30	30/30
	62002±5123	59049±527	3771±722
Ackley	1/30	30/30	30/30
	84970[8]	240675±55217	3173±880
Griewank	20/30	12/30	26/30
	62902±4272	126304±89874	48724±5044

では 0) との差が打ち切り誤差 f_* 以下になると近似は成功したとする[7]．

計算機実験では，各パラメータに次の値を使っている．

$n = 30$　関数の定義域の次元
$k(0) = 10$　初期様相における各領域の解の数
$s = 5$　基本膜の数
$\tau = 100$　1 ステップに進化アルゴリズムを適用する数
$f_* = 10^{-5}$　近似成功と見なす誤差
$F = p = 0.5$　式 8.7 のパラメータ
$\gamma = 1$　式 8.7 のパラメータ

また，対照としてひとつの解集団において生成モードの進化アルゴリズムを行った（表 8.5 の「単一集団」）．結果を表 8.5 に示す．

表 8.5 から方式 2 の膜アルゴリズムは良い近似を求めていることがわかる．また，関数を評価した回数が少ないのは近似が成功するまでの計算時間が短いことを示している．皮膜領域が様々な解を混合し，進化アルゴリズムにおいて重要な，異なる解を組み合わせて局所解に陥らない探索を実現していると考えられる．

---

7)　計算 の終了条件ではないはず．いつまでも誤差が小さくならないときは，ある段階で計算をやめるはずだが，文献 [22] にはいつやめるか記述がなかった．

8)　ここには文献 [22] に標準偏差がなかった．近似に成功したのは 1 回だから強いて標準偏差を求めれば 0 になるので，書かなかったのであろう．

8.7 膜アルゴリズムの変形2：レーダー信号処理

前節の関数最適化は，たちの悪い関数を無理矢理作ってその最小を求めているという観があった．「そんな関数はどこに出るの？」という突っ込みが入ってもおかしくない．それに対しこの節では，レーダー信号の処理に使われる操作に膜アルゴリズムを使うという，軍民共用の生々しい技術を紹介する．膜アルゴリズムで何をしたかというと，time-frequency atom decomposition という問題を解いたのだそうだ．著者は信号処理の分野は門外漢なので，その問題の性質，レーダー解析における重要性はわからない．本節では，G. Zhang, C. Liu, H. Rong の論文 [23] に沿って述べていく．

atom とここで呼ぶのは時間から周波数への関数で，そのような多数の関数からなる辞書 (dictionary) $\mathfrak{D}$ がある．レーダーの信号 $S(t)$ が与えられたとき，

$$S(t) = \sum_{h \in \mathfrak{D}} a_h g_h(t)$$

となる係数の組 (a_h) を求めるのが "time-frequency atom decomposition" 問題である．実際には $\mathfrak{D}$ から関数をひとつ選ぶ（g_{h_0} とする）と，

$$S(t) = \langle S, g_{h_0} \rangle g_{h_0}(t) + RS$$

とできる．ここで $\langle S, g_{h_0} \rangle$ は S の g_{h_0} への射影（内積）で，数学的には積分，計算するときは多数の項の和になる．RS は「残り」を表す．RS に対して別の関数の射影を引いた残りを求める，という操作を繰り返し，残りの部分が打ち切り誤差以下になれば終了である．

この手続きがどの程度効率良く進むかは，どの関数 (atom) を選ぶかに関わる．問題の複雑さとしては $\mathcal{NP}$ 困難であることが知られている．そこでZhang たちは良い関数を選んでくれる膜アルゴリズム作った．Zhang たちは自分たちのアルゴリズムを MQEPS（Modified variant of Quantum-inspired Evolutionary algorithm based on P Systems の大文字頭文字を連ねた略語）と名付けたが，ここでは Zhang の膜アルゴリズムと呼ぶ．

Zhang の膜アルゴリズムでは quantum-inspired evolutionary algorithm（量

176 第8章 Pシステムの応用2：膜アルゴリズム

子的発想アルゴリズム[9]とする）がサブアルゴリズムとして中心的役割を果たす．このアルゴリズムでは暫定解を複素数の系列 $q = (z_1, \ldots, z_l)$ で表す．$z_j = \alpha_j + i\beta_j$ ($1 \leq j \leq l$, $\alpha_j, \beta_j \in \mathbb{R}$) は Q-ビットと呼び $|\alpha_j|^2 + |\beta_j|^2 = 1$ を満たす[10]．i は虚数単位である（$i^2 = -1$）．l は問題の解を表現するだけの Q-ビット数を示す整数であり，ここでは辞書 $\mathfrak{D}$ の大きさである．Q-ビットの列から 0, 1 の列（ベクトル）に変換する操作を観測 (observation) と呼び，j 番目のビット x_j は，

$$x_j = \begin{cases} 0 & u_j < |\alpha_j|^2 \text{ のとき} \\ 1 & \text{それ以外} \end{cases}$$

となる．ここで u_j は 0 と 1 の間の一様乱数である．こうして得られた 0, 1 のベクトル $(x_1, \ldots, x_l)$ により，解 q の評価値を求める．ここでは，$x_j = 1$ となるすべての j ($1 \leq j \leq l$) について対応する関数 g_j を取り入れてレーダー信号を近似し，誤差を求める．

　解の改良は各 Q-ビットごとに複素平面における回転により行う．j 番目の Q-ビット z_j を θ_j ($\theta_j \in \mathbb{R}$) 回転すれば，

$$z_j' = e^{i\theta_j} z_j = \alpha_j \cos\theta_j - \beta_j \sin\theta_j + i(\alpha_j \sin\theta_j + \beta_j \cos\theta_j)$$

となる．θ_j は j により異なってよく，具体的には膜アルゴリズムの説明で示す．

　では，膜アルゴリズムの構成要素を述べていこう．膜構造はフラット型で皮膜領域は 0，基本膜領域は 1 から m までである．初期様相では Q-ビット表現の暫定解を n 個 ($m \leq n$) 作り，それらをランダムに基本膜領域に配置する．ただし，どの基本膜領域も最低 1 個の解を持つ．よって解の数は 1 以上 $n - m + 1$ 以下となる．

　各基本膜領域では，その領域のすべての解を量子的発想アルゴリズムにより改良する．解 $q = (z_1, \ldots, z_l)$ の改良は，

---

9)　進化アルゴリズムの要素がないので "evolutionary" は落とした．

10)　文献 [23] では Q-ビットをふたつの実数の組としている．しかし，せっかく「量子的発想」をしたのだから複素数を使って気分を盛り上げたい．

8.7　膜アルゴリズムの変形2：レーダー信号処理　　177

表 8.6　Q-ビットの回転角を決める表．b はその時点でのその領域での最良解，x は改良する解の観測結果，$f(b)$, $f(x)$ はそれらの評価値である．x_j, b_j $(x_j, b_j \in \{0, 1\}, 1 \leq j \leq l)$ はそれぞれ x, b の j 番目の（普通の）ビット，θ_j は回転角である．

x_j	b_j	$f(x)$ vs $f(b)$	θ_j
0	0	–	0
0	1	$f(x) < f(b)$	0.01π
0	1	$f(x) \geq f(b)$	0
1	0	$f(x) < f(b)$	-0.01π
1	0	$f(x) \geq f(b)$	0
1	1	–	0

1. q を観測し $0, 1$ の列 x を作る．
2. x の評価値 $f(x)$ を求める．
3. 表 8.6 により各ビットの回転角を定め，新しい解を作る．

により行う．改良は 1 回以上，あらかじめ決めておく上限 I_{max} 以下繰り返し行う．

　改良後，解の輸送になる．各基本膜領域は最良解を皮膜に送る．皮膜では送られてきた解の中で最も良い解を，禁断探索法（局所探索であるが，一度探索した解を覚えておき，堂々巡りをしないようにして局所解からの脱出をはかる方法）で改良する．その結果できる皮膜の最良解をコピーして各基本膜領域に送る．この改良と輸送をあらかじめ決めておく上限回繰り返すとアルゴリズムは終了する．

　Zhang たちは計算機実験により，彼らの膜アルゴリズムは単一集団に対して量子的発想アルゴリズムを実行するより良い結果をもたらすと報告している．ただし，計算機実験の条件が一部明記されていないので，単に膜アルゴリズムでは改良する暫定解が多かったから良い結果が出たのか，何か膜アルゴリズムに本質の効果，たとえば皮膜の禁断探索が働いているなどのことがあったのか，は判断できない．また，著者はこの分野に不案内であるから，このアルゴリズムにより人民解放軍のレーダーが地平線の向こうまで写すようになるのかどうかわからない．ただ，計算に結構時間がかかっているので

178　第8章　Pシステムの応用2：膜アルゴリズム

今すぐの実用化は無理のようだ．ともあれ，膜計算，膜アルゴリズムを実用的技術として育てようと努力している研究者がいる．

8.8　膜構造再検討：入れ子型かフラット型か

　この節では，著者の研究室で行った入れ子型膜構造とフラット型膜構造の比較実験を紹介する．

　フラット型では基本膜領域でブラウン法を行う．温度は入れ子型と同じ方法で定めた最高温度から0まで，少しずつ違えておく．皮膜領域ではEXX交叉を行う．より詳しく述べると，

1. 基本膜領域の解はひとつずつで，それに対しブラウン法を行い，その中の最良解は保存しておく．
2. 採用された解を基本膜領域から皮膜に移す．
3. 皮膜ではふたつずつ解を無作為に組み合わせてEXX交叉を行い，交叉後の解で置き換える．
4. 皮膜の解を良いほうから順に並べ替え，良いほうから順に低い温度の基本膜領域に送る．

となる．これをあらかじめ決めた回数繰り返す．

　計算機実験では入れ子型と同じ条件になるように，基本膜領域は9（皮膜を入れると領域数は10），繰り返し回数は200000で，20回の試行を行った．結果を表8.4と同じようにまとめると表8.7になる．

　この表から入れ子型のBGBとほぼ同じ近似が得られていることがわかる．若干入れ子型が良いが誤差範囲である．このフラット型は入れ子型と大きな違いはないと言えよう．やはり，遺伝的アルゴリズムとブラウン法を組み合わせたのが良かったと言える．フラット型が良いと主張する研究者がいるが，著者としてはフラット型，入れ子型それぞれの特徴を生かしてサブアルゴリズムや輸送法を設計すれば，そんなに差は出ないと主張したい．

　この節の終わりに当たって，入れ子型膜アルゴリズムならではの活用法を述べる．入れ子型には次の特徴がある．

8.8 膜構造再検討：入れ子型かフラット型か　　179

表 8.7 フラット型膜アルゴリズムの計算機実験結果．表中の数値は最適値からのずれの 20 試行における平均を示す（パーセント）．＊印があるのは最適値が得られたことを示す．

問題	最適値	FLAT
kroA100	21282	0*
kroA150	26524	0.02*
kroA200	29368	0.15*
kroB100	22141	0.05*

1. 各領域の暫定解の数がごく少ない．局所探索では 1，交叉では 2 である．
2. 暫定解の改良と移動が分離されている．
3. サブアルゴリズムのパラメータ（「温度」など）が領域番号だけで決まっている．
4. 良い解が向かう方向が決まっている．

このうち，4 は入れ子型だけの特徴である．これらの特徴から，膜を通って移動する解を観察すると，解の改良状況がわかるのではないかと期待できる．そうすると，どのサブアルゴリズム（近似解法）とどのパラメータの組合せが改良に効果があったか見えてきて，近似解法の研究全体にも寄与できると考えられる．

　そのような「改良のモニタリング」は従来の近似解法では難しかった．遺伝的アルゴリズムでは 1000 個ほどの解の集団の中で交差しているし，焼き鈍し法では何百万何千万ステップも使っているので，モニタする対象が多すぎた．膜アルゴリズムでは，少ない解，ほどほどのステップ数，改良がはっきりわかる構造がモニタリングを可能にする．

　図 8.7 に解の改良状況を示す．左の図 (A) は，ほどほどの温度の領域で最適解（値 21282）が出現したことを示す (a1)．その後，その解は 0 番領域に移動している．中の図 (B) は，やはりほどほどの温度の領域で改良された解 (b1) が温度の低い領域に移ってさらに改良されている (b2) ことを示す．いずれも局所解から抜け出すために，悪い解にも確率的に遷移するという温度パラメータ付き局所探索の有効性とともに，一番有効な温度パラメータも示

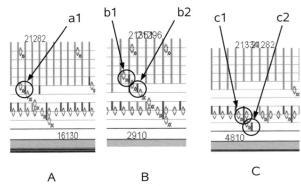

図 8.7 解の改良状況の可視化．説明は本文にある．

している．右の図 (C) では，交差でできた解 (c1) が局所探索の領域でさらに改良された (c2) ことを示す．大きな変化を与える交差と，細かく最適を探す局所探索の長所がうまく組み合わされたと言える．また，入れ子型膜アルゴリズムの一番内側 0 番領域では局所探索が好結果を生むことも示している．このように「改良のモニタリング」ができることは，各種近似アルゴリズムを組み合わせるためのプラットフォームとして，膜アルゴリズムの有効性をさらに高めてくれるであろう．

　この節の内容は，本シリーズ第 0 巻『自然計算へのいざない』[26] の著者担当第 4 章最後の部分を少し発展させた．

この章では膜計算の考え方を生かして，最適化問題を 実際に解く 近似アルゴリズムの枠組みとした膜アルゴリズムを紹介した．巡回セールスマン問題，関数最適化，レーダー信号処理，の異なる 3 分野の問題を解く膜アルゴリズムがあり，いずれも良い近似解を求めていることを紹介した．本章で取り上げた以外に，多くの問題にあわせた膜アルゴリズムが研究され，好成績を挙げている．

参考文献

[1] Alhazov, Artiom, Linqiang Pan and Carlog Martín-Vide. Solving a PSPACE-complete problem by recognizing P systems with restricted active membranes. *Fundamenta Informaticae* 57, pp. 1–11 (2003)

[2] Alhazov, Artiom and Rudolf Freund. P systems with one membrane and symport/antiport rules of five symbols are computationlly complete. In M. A. Gutiérrez-Naranjo, A. Riscos-Núñez, F. J. Romero-Campero and D. Sburlan, editors, *Proceedings of the Third Brainstorming Week on Membrane Computing Sevilla*, pp. 19–28 (2005)

[3] Alhazov, Artiom, Rudolf Freund and Marion Oswald. Symbol/membrane complexity of P systems with symport/antiport rules. In Freund, R, Gh. Păun; G. Rozenberg and A. Salomaa, editor, *Membrane Computing: 6th International Workshop, WMC2005*, LNCS 3850, pp. 96–113. Springer-Verlag (2005)

[4] Andersson, Bertil. Thylakoid membrane dynamics in relation to light stress and photoinhibition. In J. Barber, M.G. Guerero and H. Medran edtor, *Trends in Phtosynthesis Research*, pp. 71–86, Intercept (1992)

[5] Eilenberg, Samuel. *Automata, Languages, and Machines Volume A*. Academic Press (1974)

[6] Freund, Rudolf, Gheorghe Păun and Mario J. Pérz-Jiménez. Tissue P systems with channel states. *Theoretical Computer Science* 330, pp. 101–116 (2005)

[7] Ionescu, Mihai, Gheorghe Păun and Takashi Yokomori. Spiking neural P systems. *Fundamenta Informaticae* 71, pp. 279–308 (2006)

[8] Martín-Vide, Carlos, Gheorghe Păun, Juan Pazos and Alfonso Rodrígues-Patón. Tissue P systems. *Theoretical Computer Science* 296, pp. 295–326 (2003)

[9] Mauri, Giancarlo, Alberto Leporati, Antonio E. Porreca and Claudio Zandron.

Recent complexity-theoretic results on P systems with active membranes. *Journal of Logic and Computation* 25, pp. 1047–1071 (2013)

[10] Nishida, Taishin. Simulations of photosynthesis by a *K*-subsest transforming system with membrane. *Fundamenta Informaticae* 49, pp. 249–259 (2002)

[11] Nishida, Taishin. An application of P-system: A new algorithm for NP-compulete optimization problems. 8-th World Multi-Conference on Systems, Cybernetics, and Informatics, July 18–24 (2004)

[12] Nishida, Taishin. Membrane algorithm. In Freund, Rudolf, Gheorghe Păun, Grzegorz Rozenberg and Arto Salomaa editor, *Membrane Computing: 6th International Workshop, WMC 2005*, LNCS 3850, pp. 55–66, Springer-Verlag (2005)

[13] Nishida, Taishin. A membrane computing model of photosynthesis. In Ciobanu, Gabriel, Gheorghe Păun and Mario Péres-Jiménez editor, *Application of Membrane Computing* pp. 181–202. Springer (2005)

[14] Nishida, Taishin. Membrane algorithms: Approximate algorithm for NP-complete optimization problems. In *ibid*, pp. 303–314.

[15] Nishida, Taishin. Membrane algorithm with Brownian subalgorithm and genetic subalgorithm. *International Journal of Foundations of Computer Science* 18, pp. 1353–1360 (2007)

[16] Nishida, Taishin. Computing *k*-block morphisms by spiking neural P systems. *Fandamenta Informaticae* 111, pp. 453–464 (2011)

[17] Păun, Gheorghe. *Membrane Computing. An Introduction.* Springer-Verlag (2002)

[18] Păun, Gheorghe, Grzegorz Rozenberg and Arto Salomaa, editors. *Handbook of Membrane Computing.* Oxford University Press (2010)

[19] Păun, Gheorghe, Mario J. Pérez-Jiménez and Grzegorz Rozenberg. Computing morphisms by spiking neural P systems. *International Journal of Foundations of Computer Science* 18, pp. 1371–1382 (2007)

[20] Rozenberg, Grzegorz and Arto Salomaa. *The Mathematical Theory of L Systems.* Academic Press (1980)

[21] Turing, A.M. On computable numbers with an application to the Entscheidungsproblem. *Proc. London Math. Soc.* 2, pp. 230–265 (1936), A correction. *ibid* 43, pp. 544–546.

[22] Zaharie, Daniela and Gabriel Ciobanu. Distributed evolutionary algorithms inspired by membrane in solving continuous optimization problems. In Hoogeboom, Hendrik Jan, Gheorghe Păun, Grzegorz Rozenberg and Arto Salomaa editor, *Membrane Computing: 7th International Workshop, WMC 2006*, LNCS 4361, pp. 536–553, Springer-Verlag (2006)

[23] Zhang, Ge-Xiang, Chun-Xiu Liu and Hai-Na Rong. Analyzing radar emitter signals with membrane algorithms. *Mathematical and Computer Modelling* 52, pp. 1997–2010 (2010)

[24] J. ホップクロフト, R. モトワニ, J. ウルマン 著, 野崎昭弘, 高橋正子, 町田元, 山崎秀記 共訳, 『オートマトン 言語理論 計算論 I, II ［第 2 版］』, サイエンス社 (2003)

[25] 守屋悦朗, 『チューリングマシンと計算量の理論』, 培風館 (1997)

[26] 萩谷昌己, 横森貴 編, 『ナチュラルコンピューティング・シリーズ第 0 巻, 自然計算へのいざない』, 近代科学社 (2015)

[27] 西田泰伸, L システム, 歴史と展望, 『電子情報通信学会論文誌』 J84-D-I, pp. 18–30 (2001)

[28] P システムウェブサイト: http://ppage.psystems.eu/

索　引

英字

E0L システム (E0L system)　22

ET0L システム (ET0L system)　24

NP 完全 (NP complete)　36, 88

NP 困難 (NP hard)　36, 160

PSPACE 完全 (PSPACE complete)　36, 92

P システム (P system)　40

$\mathbb{R}_+$ 部分集合 ($\mathbb{R}_+$ subset)　144

SN P 変換機 (SN P transducer)　132

Z バイナリ標準形 (Z-binary normal form)　20

あ

アルファベット (alphabet)　9
　L システムにおける――　22
　終端――(terminal alphabet)　11
　終端――(terminal alphabet) L システム　22
　テープ――(tape alphabet) チューリング機械　27
　入力――(input alphabet) チューリング機械　27
　非終端――(non-terminal alphabet)　11
位数 (order)　39
一様集団 (uniform family)　84
遺伝的アルゴリズム (genetic algorithm)　161
大きさ (size)　62
オーダー (order)　34

オブジェクト

オブジェクト (object)　40
オブジェクト変化規則 (object evolution rules)　86
重み (weight)　61

か

開始記号 (start symbol)　11
加算命令 (add instruction)　30
活性膜 P システム (P system with active membranes)　85
還元 (reduction)　36
規則 (rule)
　L システムにおける――　22
　P システムにおける――　41
　組織 P システムにおける――　104
規則の優先順序 (priority of rules)　51
帰納的可算 (recursively enumerable)　12
基本膜 (elementary membrane)　39
基本膜分裂規則 (elementary division rules)　86
協調分散文法システム (cooperating distributed grammar system)　21
共輸送 (symport)　61
局所解 (local solution)　160
局所探索 (local search)　160
極大 (maximal) 組織 P システム：規則適用　104
拒否計算 (rejecting computation)　87
空語 (empty word)　9
空白記号 (blank symbol)　27
計算 (computation)　106
計算万能性 (computational universality)　4, 30, 44, 49, 66, 68, 74, 77, 79, 113, 119, 128

決定性 (determinism)
　チューリング機械における―― 29
　レジスタ機械における―― 31
言語 (language) 10
減算命令 (subtract instruction) 30
交換輸送 (antiport) 61
交叉 (crossover) 162
構文解析 (syntax analysis) 15
構文木 (syntax tree) 15
合流性 (confluent) 84
コーポレーション (cooperation)
　P システムにおける―― 41
　組織 P システムにおける―― 104

さ

細胞 (cell) 104
時間計算量 (time complexity) 33
時間限定 (time bounded) 33
出現検査付きマトリクス文法 (matrix
　grammar with appearance checking)
　17, 49, 111
出力 (output) 42
出力細胞 (output cell) 104
受理計算 (accepting computation) 87
受理状態の集合 (set of accept states) 27
受理様相 (accepting configuration) 28
準一様集団 (semi-uniform family) 83
巡回セールスマン問題 (trabelling
　salesman problem (TSP)) 159
順序関係 (order relation) 8
準同型 (morphism) 11, 133
　k ブロック――(k-block morphism)
　134
状態 (state)
　組織 P システムにおける―― 104
　チューリング機械における―― 27
乗法標準形 (conjunctive normal form)
　80
初期状態 (initial state)
　組織 P システムにおける―― 104
　チューリング機械における―― 27
初期多重集合 (initial multiset)
　P システムにおける―― 41

　組織 P システムにおける―― 104
初期命令ラベル (label of the initial
　instruction) 30
初期様相 (initial configuration)
　P システムにおける―― 42
　組織 P システムにおける―― 104
　チューリング機械における―― 28
初期列 (axiom) 22
進化アルゴリズム (evolutionary
　algorithm) 161
推移律 (transitive law) 8
スパイキングニューラル P システム
　(spiking neural P system (SN P system))
　122
正規 (regular) 12
正規表現 (regular expression) 25
生成規則 (production rules) 11
生成する (generate)
　チューリング機械において―― 29
　文法において―― 12
生成装置 (generator) 53
組織 P システム (tissue P system (tP
　system)) 103
外に出す規則 (send-out communication
　rules) 86

た

対称律 (symmetric law) 7
多重集合 (multi-set) 8
多重度 (multiplicity) 8
単一 (one) 組織 P システム：輸送法
　105
逐次 (minimal) 組織 P システム：規則
　適用 104
逐次書き換え (sequential rewriting) 22
チャーチ・チューリングの提唱
　(Church-Turing's thesis) 30
チャネル (channel) 103
チューリング機械 (Turing machine) 4,
　27
停止 (halting) 106
停止命令 (halting instruction) 31
停止命令ラベル (label of the halting

instruction)　30
テーブル (table)　24
電荷 (electrical charge)　85
動作関数 (move function)　27
導出関係 (derivation relation)　11
導出木 (derivation tree)　15

な

中に入れる規則 (send-in communication
rules)　86
入力付き P システム (P system with
inputs)　82
認識 P システム (recongizer P system)
82

は

バイナリ標準形 (binary normal form)
19
破壊規則 (dissolution rules)　86
パリックベクトル (Parikh vector)　10
反射推移閉包 (reflexive and transitive
closure)　8
反射律 (reflexive law)　7
反対称律 (anti-symmetric law)　7
判定可能性 (decidability)　54
比較可能律 (comparable law)　8
非決定性 (nondeterminism)
　チューリング機械における――　28
　レジスタ機械における――　31
非決定的極大方式 (nondeterministic
maximal method)　41
非コーポレーション (non-cooperation)
　P システムにおける――　41
　組織 P システムにおける――　104
皮膜 (skin membrane)　39
ブール式の充足可能性判定問題
(satisfiability problem of a Boolean
formula (SAT))　80
複製 (reproduce) 組織 P システム：輸送
法　105
ブラウン法 (Brownian method)　167
分散 (spread) 組織 P システム：輸送法
105

文法 (grammar)　4, 11
文脈依存 (context-sensitive)　12
文脈自由 (context-free)　12
並列 (parallel) 組織 P システム：規則適
用　104
並列書き換え (parallel rewriting)　22
べき集合 (power set)　7
変換型 SN P システム (transducing SN P
system)　132
変換する (transfer)　29
変換装置 (transducer)　54

ま

膜計算システム (membrane system)　40
膜の破壊 (dissolving of a membrane)　50
マトリクス (matrix)　16
マトリクス文法 (matrix grammar)　15,
117
命令ラベル (labels of instructions)　30

や

焼き鈍し法 (simulated annealing)　160
輸送型 P システム (communication P
system)　62
輸送型組織 P システム (communication
tissue P system)　114
様相 (configuration)
　P システムにおける――　42
　組織 P システムにおける――　104
　チューリング機械における――　28

ら

領域計算量 (space complexity)　33
領域限定 (space bounded)　33
量限定ブール式 (quatified Boolean
formula (QBF))　92
量限定ブール式の真理値判定問題
(satisfiability of quantified Boolean
formula (QBF-SAT))　93
レジスタ機械 (register machine)　30,
65–68, 72, 75, 77, 119, 128
連接 (catenation)　9

著者略歴

西田 泰伸 (にしだ やすのぶ)

1978 年　京都大学理学部卒業
1983 年　京都大学大学院理学研究科博士後期課程修了 理学博士（京都大学）
同　年　富士通㈱国際情報社会科学研究所
1993 年　中京大学情報科学部助教授
1994 年　富山県立大学工学部助教授
2007 年　富山県立大学工学部准教授
現在に至る

主要著書
Handbook on Membrane Computing, Chapter 21: Membrane Algorithms, (Oxford University Press, 2009)
『自然計算へのいざない：ナチュラルコンピューティング・シリーズ 第 0 巻』（共著，近代科学社，2015）

ナチュラルコンピューティング・シリーズ 第 4 巻
細胞膜計算

ⓒ 2018 Yasunobu Nishida　Printed in Japan

2018 年 5 月 31 日　初版第 1 刷発行

著　者　西　田　泰　伸
発行者　井　芹　昌　信

発行所　株式会社 近代科学社

〒162-0843 東京都新宿区市谷田町 2-7-15
電話 03-3260-6161 振替 00160-5-7625
http://www.kindaikagaku.co.jp

大日本法令印刷　　ISBN978-4-7649-0568-9

定価はカバーに表示してあります。

バイオ統計シリーズ 全6巻完結

2016年度 日本統計学会 出版賞受賞!

編集委員 柳川 堯・赤澤 宏平・折笠 秀樹・角間 辰之

1 | **バイオ統計の基礎**
― 医薬統計入門 ―
著者：柳川 堯・荒木 由布子
A5判・276頁・定価 3,200円 + 税

2 | **臨床試験のデザインと解析**
― 薬剤開発のためのバイオ統計 ―
著者：角間 辰之・服部 聡
A5判・208頁・定価 4,000円 + 税

3 | **サバイバルデータの解析**
― 生存時間とイベントヒストリデータ ―
著者：赤澤 宏平・柳川 堯
A5判・188頁・定価 4,000円 + 税

4 | **医療・臨床データチュートリアル**
― 医療・臨床データの解析事例集 ―
著者：柳川 堯
A5判・200頁・定価 3,200円 + 税

5 | **観察データの多変量解析**
―疫学データの因果分析―
著者：柳川 堯
A5判・244頁・定価 3,600円 + 税

6 | **ゲノム創薬のためのバイオ統計**
― 遺伝子情報解析の基礎と臨床応用 ―
著者：舘田 英典・服部 聡
A5判・224頁・定価 3,600円 + 税